나는
뉴질랜드에서
일한다

나는 뉴질랜드에서 일한다

소확행을 위한 해외 취업, 실전 뉴질랜드 생존기

초판발행 2019년 1월 31일
초판 3쇄 2020년 2월 10일

지은이 정진희
펴낸이 채종준
기획·편집 이아연
디자인 홍은표
마케팅 문선영

펴낸곳 한국학술정보(주)
주 소 경기도 파주시 회동길 230(문발동)
전 화 031-908-3181(대표)
팩 스 031-908-3189
홈페이지 http://ebook.kstudy.com
E-mail 출판사업부 publish@kstudy.com
등 록 제일산-115호(2000. 6. 19)

ISBN 978-89-268-8694-6 03980

소확행을 위한 해외 취업,
실전 뉴질랜드 생존기

나는 뉴질랜드에서

I work in New Zealand

일한다

정진희 지음

이담
Books

저는 2011년 11월, 뉴질랜드에 처음 발을 디뎠습니다. 워킹홀리데이(Working holiday)라는 만 30세 전에 발급받을 수 있는 비자로 뉴질랜드에 도착해 1년만 살다 돌아갈 생각이었지만, 제 눈앞에 주어진 기회를 저울질하며 덜 후회할 선택을 하다 보니 2018년, 지금은 뉴질랜드 수도 웰링턴(Wellington) 어느 한 동네에서 잡초를 뽑으며 살고 있습니다.

한국에서 만족하지 못한 많은 분들이 해외 취업과 이민을 꿈꿉니다. 예전에는 '한국이 싫어서' 떠나고 싶다고 답변하신 분들이 많았습니다. 그 말은 취업난, 경제난, 자녀 교육, 정치 등 많은 요인을 내포하고 있습니다. 미세먼지 때문에 이민을 가고 싶다는, 얼마 전에 아기 엄마가 된 친구는 '뉴질랜드 공기는 깨끗하겠다'며 한국에서는 아이를 데리고 나가고 싶어도 미세먼지 때문에 창문도 열 수 없다고 했습니다. 뉴질랜드에 살고 있는 저를 부러워하는 듯한 뉘앙스의 말에 왠지 미안하면서도 어떻게 대답해야 할지 몰라 난감했습니다. 왜냐하면 어렸을 때 부모님 따라 이민을 왔다가 한국도 뉴질랜드도 적응하지 못하고 정체성을 찾지 못한 채 이방인으로 사는 1.5세대 한국인, 가족을 위해 희생해가며 적성과 관련이 없는 일을 하는 사람, 언어 때문에 사회에서 고립되어 우울증에 시달리는 사람들의 경우를 보며 단지 공기가 좋다는 등의 이민의 좋은 면만 보는 것이 걱정스럽기 때문입니다.

해외 취업도 마찬가지입니다. 어떤 분은 야근이 없고, 수평적인 제도가 있어 좋겠다고도 말씀합니다. 확실히 뉴질랜드의 워라밸이 한국보다 훨씬 좋다는 것은 부인할 수 없습니다. 하지만 저는 7년 넘게 이곳에 살면서도 아직까지 영어 때문에 회사에서 스트레스를 받고, 가끔씩 회의 참석자 명단에 제 이름이 끼어 있지 않으면 내 영어 실력이 모자라서 빠진 것은 아닌가 하고 열등감에 사로 잡히기도 합니다. 이직하고 싶은 적도 있지만, 영어 때문에 이직에 실패할 것 같은 불안감이 있어서 함부로 이직하기가 겁이 납니다.

뉴질랜드가 한국보다 선진국이라고 하지만 왜 이렇게 한국만큼 치과 치료가 잘 되어 있지 않은지, 왜 상점들은 6시도 채 안 되어서 문을 다 닫는지요, 이외에도 이것저것 마음에 들지 않는 것들이 너무나 많습니다. 밤 늦게까지 하는 배달 음식들, 빠른 택배, 보고 싶은 가족과 친구들…. 한국에 남아 있었더라면 이런 것들에 감사한 줄 모르고 살았을 것입니다. 이런 불평이 있음에도 불구하고 아직까지 뉴질랜드에 살고 있는 이유를 한 문장으로 정리하는 것은 여전히 어렵습니다. 맨발로 흙을 밟고 다니는 것, 새소리를 가까이에서 들을 수 있는 것, 지나가는 사람들과 눈을 마주치며 인사하는 것…. 이런 것들 때문일까요? 성공과는 거리가 매우 먼 삶이지만, 따가운 햇살을 받으며 상쾌한 공기를 한숨 들이마시는 것에도 감사하는 여유로운 마음이 생겼습니다. 한국에서는 이런 것들을 '소소하지만 확실한 행복'이라고 하던데, 아마 뉴질랜드는 이런 '소확행'에 어울리는 나라인 것 같습니다.

이 책은 2011년부터 2018년까지, 뉴질랜드에 도착하기 전 한국에서의 준비 기간을 포함해 현재까지 있었던 경험과 저의 생각을 토대로 작성하였습니다. 이 책은 총 네 장으로 구성되었습니다.

첫 번째 장은 한국에서의 준비 과정과 뉴질랜드 도착 후 초기 정착에 대해 다루었습니다.

두 번째 장은 뉴질랜드 취업과 이직 과정, 해외 취업에 필요한 정보를 다루었습니다.

세 번째 장은 본격적인 뉴질랜드 직장 문화에 대해 다루었습니다.

그리고 마지막 장은 뉴질랜드 생활을 하며 겪은 문화, 사람들, 이민 생활에 대해 다루었습니다.

해외 취업은 이민이라는 집합 중에 한 부분이 아닐까 하는 생각이 듭니다. 지리적으로 다른 나라와 멀리 떨어져 있는 여건 때문인지, 뉴질랜드로 해외 취업을 하러 오시는 분들은 대부분 이민을 고려합니다. 그래서 해외 직장 생활에 대한 내용도 있지만, 취업 후 적응해가는 이민 생활도 중요하다고 생각하여 취업과 이민, 이 두 단어로 균형을 잡고 글을 작성하였습니다. 제 무용담만 멋들어지게 늘어놓지 않기 위해 도움이 될 만한 정보와 균형을 맞추려 노력하였습니다.

뉴질랜드에 살고 경험하면서 기존의 가치관에 대해 다시금 생각해보는 계기들이 있었습니다. 그래서 저의 개인적인 이야기가 언급이 된 부분이 있으며, 제가 뉴질랜드에 살면서 한국과 비교할 수밖에 없었던 것들이 있습니다. 글을 읽으시는 독자 분들과 조금은 다른 주관적인 내용이 될 수 있어도 너그럽게 읽어주시기를 바랍니다.

책에서 많이 언급하는 단어가 있습니다. 바로 키위(Kiwi)인데, 이 단어는 뉴질랜드 사람들을 부르는 별칭입니다. 들어가기 전 과일 키위와 헷갈릴 것 같아 미리 언급하고 싶습니다. 이 책을 통해 키위와 함께 적응하며 살아가는 뉴질랜드의 삶을 맛보는 기회가 되었으면 좋겠습니다.

정진희

Contents

토종 한국인,
출국부터
적응하기까지

New Zealand

01
이 책은 원래 워킹홀리데이 여행자를
위한 것이었다

○ ○ ○

"내 생각에는 고만 요 남자친구랑 결혼하면 괜찮지 않을까 싶은데…. 1년 뉴질랜드 갔다가 친구 마음이 변하면 우짤까…."

2011년 여름, 외할머니께서 꺼내신 말씀이셨다.

나는 이십 대 후반을 달려가고 있었고 내 옆에는 서른 살을 목전에 둔, 할머니께서 마음에 쏙 들어 하는 남자친구가 있었다. 하지만 나는 이미 뉴질랜드 워킹홀리데이 비자도 발급받고, 다니던 직장도 관두고, 영어 공부와 아르바이트를 병행하며 해외 연수를 위해 차근차근 준비 중이었다. 이제 와서 모든 걸 접고 포기하기엔 너무 많은 것이 진행되고 있었다.

"결혼하기 전에 해외 생활을 한 번이라도 하고 오는 게 좋을 것 같아요. 영어를 더 배우면 나중에 일 구할 때 도움이 되지 않을까요? 남자친구가 좋은 사람이라 그런 일은 없을 거예요."

할머니 눈에는 내가 갑자기 모든 걸 관두고 해외에 나가는 무모한 행동을 하는 어린 아이처럼 보였을 것이다. 그런데 나는 왜 갑자기 하던 일을 관두고 취준생이 하는 영어 공부를 이제 와서야 다시 시작한다고 했을까?

사건의 발단은 이렇다. 나는 미국 시애틀에 위치한, 매해 열리는 한 미국 회사의 컨퍼런스에 참석 중이었다. 3박 4일 동안 새로운 제품과 기술을 배우고 다른 나라 사람들과 교류할 수 있는 행사가 있다고 회사에서 특별히 허락한 시간이었다. 옳거니, 이때 아니면 언제 또 미국에 가 볼 수 있을까! 해외 출장을 빙자한, 대학 졸업 후 첫 해외 여행이란 환상에 나는 덥석 행사에 가겠다고 했다. '시애틀에는 유명한 시푸드 마켓이 있다더라, 시애틀에 있는 스타벅스 1호점은 꼭 가봐야 한다' 등, 관광지를 찾으면서 쇼핑할 생각에 들떠 있었다. 모든 행사가 영어로 진행되는 것을 알고 있었지만, 해외에 나간다는 사실만으로 행사는 이미 뒷전이었다.

'게다가 나 말고 회사에 영어 잘하시는 분도 같이 가는데 뭘~' 같이 가는 회사 사람만 믿고 가면 어떻게든 될 것이라고 생각한 것이 화근이었다.

나는 그 당시 소규모 IT 개발업체에서 유저 인터페이스(User Interface) 디자이너라는 직업으로 일을 하고 있었다. 쉽게 말하면 컴퓨터나 핸드폰에 설치하는 프로그램의 모양새를 아름답게 꾸미는, 아이콘이나 버튼 디자인을 하는 그래픽 디자이너라고 생각하면 이해가 빠를 것이다. (할머니는 컴퓨터로 그림 그리는 직업이라고 알고 계신다.) 대학교 4학년 여름 방학, 호주로 워킹홀리데이를 가기 위해 돈을 벌려고 아르바이트로 들어간 조그만 회사가 졸업 후에도 계속 다니게 된 나의 첫 직장이었다. 당시 창업한 지 3년도 채 되지 않은 신생 기업이라 직원들이 스스로 도움이 되는 기술을 배워올 수 있도록 나름 적극적으로 지원하는 회사였다.

컨퍼런스 행사 첫날, 행사 참여 등록을 하고 행사의 서막을 알리는 발표장에 들어가 구석진 자리에 착석했다. 무대에는 발표자 한 명이 서 있었고, 몇 백 명의 참석자들은 큰 전광판을 응시하며 발표자의 이야기를 듣고 있었다. '이 정도면 내 영어도 나쁘지 않은데?' 전체 내용을 다 알 순 없었지만, 단어를 듣고 무슨 이야기를 하는지 느낌으로 대충 파악할 수 있었다. 전광판에 쓰인 필요한 정보는 노트에 적었고, 남들 웃을 때는 창피하지만 따라 웃었다. 그렇게 순조롭게 끝난 첫날의 행사, 이렇게만 하면 영어를 잘 못해도 무리가 없겠거니 싶었다.

하지만 문제는 그 다음 날에 생겼다. 조그만 회의실에 들어가자마자 아차, 싶었다. 첫날은 환영식같이 큰 규모였다면, 그 다음 날부터 이어진 일정은 참석한 사람들의 선택에 따라 소그룹으로 나뉘어 컨퍼런스가 진행되는 형식이었던 것이다. 일단 자리에 앉아 사람들의 동향을 확인했다. 영어가 모국어인 사람들도 있고 아닌 사람들도 있는, 다 합쳐봐야 20명도 안 되는 자리였다.

사람들은 저마다 자기가 궁금해하는 문제에 대해 영어로 질문을 하고 답하며 열띤 토론을 진행하기 시작했다. 나는 누가 나에게 질문이나 말을 시킬까 봐 긴장했고, 영어로 진행되는 모든 이야기들을 이해하고 있다는 식의 얼굴로 포장하려 했지만 소용이 없었다. 꼼짝없이 앉아 눈만 껌뻑이는 내 자신이 마치 숨만 쉬는 금붕어 같은 존재처럼 느껴졌다. 속으로 소리를 질렀다.

'영어 좀 공부해 둘 걸, 영어 공부 좀 할 걸!!'

후회가 쓰나미처럼 물밀듯이 밀려왔다. 이런 상황이 올 줄 알았다면 영어 공부를 열심히 했을 텐데, 학교는 왜 이런 것을 알려주지 않은 걸까!

사실 그럴 만도 했다. 솔직히 나는 수능 400점 만점 세대 중, 영어 80점 만점에서 40점을 겨우 넘겼던 (그것도 절반은 찍어서 맞춘), 실업계 고등학교에서 기적적으로 수시에 합격해 서울 4년제 대학에 들어간 사람이었다. 남들 야간 자율학습을 하며 미친 듯이 영어 공부할 때, 나는 오후 3시에 끝나 방과 후에 여유롭게 즉석 떡볶이를 먹고 난 뒤, 화실에 가서 저녁 6시부터 10시까지 그림만 그렸던 예체능계 학생이었다. 그러니까 한마디로 영어 공부를 제대로 한 적이 없다는 얘기다.

끝날 것 같지 않았던 소규모 세미나가 드디어 끝이 났다. 앞으로 참석해야 하는 남은 일정의 세미나를 생각하니 눈앞이 깜깜해졌다. 한숨을 돌리기 위해 답답했던 회의실에서 빠져나와 스타벅스에 가서 커피를 시켰다. 그런데, 거기서도 문제가 생겼다.

"화이트 모카 플리즈."

"What? What did you say?(뭐? 뭐라고 말했어?)"

카운터 직원은 내 말을 못 알아들었는지 다시 묻는것이 아닌가. 내가 영어를 잘못 말했나 싶어 목소리가 더 쪼그라들었다. 옆에서 듣고 있던 지인이 대신 말해주고서야 나는 가까스로 원하던 커피를 손에 쥘 수 있었다. 커피를 받아들고 한동안 멍하니 서 있었다. 세미나에서 영어로 듣고만 있는 것도 너무 힘들었는데, 커피 하나도 제대로 시킬 줄도 모르는 내가 무능력하게 느껴졌다.

충격의 미국 방문 후, 나는 창피함을 벗어나기 위해 영어 공부를 시작했다. 영어를 안 배워도 사는 데는 지장이 없을 줄 알았지만 그렇지 않았다. 혹시나 내년에 또 가게 된다면 이런 창피는 당하고 싶지 않았다. 여느 때보다 영어에 대한 갈망이 넘쳐났다.

토요일 아침 9시부터 12시까지 주 1회 성인반 영어 학원을 다니기 시작했다. 야근이 잦은 회사에서 주중에 영어 공부를 하기란 쉽지 않았기 때문에 선택할 수 있는 유일한 방법이었다. 하지만 고등학생 때 다니던 수능형 영어 단과학원은 정답을 찾는 요령을 배웠을 뿐, 문법에 대한 기반이 없어 성인반에서 푸는 장문을 해석할 때에는 무슨 뜻인지 몰라 허덕였다. 엎친 데 덮친 격으로 회사는 큰 프로젝트를 하기 위해 천안으로 이전하였고, 자취하는 서울에서 천안까지 출근하는 데만 두 시간이 걸렸다. 가족은 몇 달에 한 번, 남자친구도 일주일에 한 번 만날까 말까 하는 상황이 지속되었다. 주말에 공부해봤자 이렇게 해서는 영어는 평생 늘지 않을 것 같았다.

서른이 되기 전, 워킹홀리데이를 떠나야겠다는 생각이 들었다. 회사에 근무한 지 2년이 넘었고, 야근도 많은데 지방에서 근무하는 날이 대부분이라 이직이든 퇴사든 뭐라도 결정하고 싶을 정도로 지쳐있었다. 원래 이 회사도 호주 워킹홀리데이를 가기 위해 돈을 모으려고 다닌 곳이었다. 그러다 정규직으로 전환되는 바람에 호주에 가기로 한 결정을 접은 것 아닌가. 나중에 한국 내에 있는 더 큰 회사든, 아니면 해외 계열사든 간에 첫 직장보다 더 나은 회사를 가려면 영어가 필요하다고 생각했다. 영어를 배울 기면 해외에서 배우는 게 더 빠르니, 워킹홀리데이 비자로 영어도 배우고 돈도 번다면 좋을 것 같았다. 2년의 회사 생활로 넉넉하지는 않지만 비행기 값과 영어 공부에 들 자금은 어느 정도 모아 놓았다. 다만 한 가지, 자상한 남자친구가 걸렸다.

"뉴질랜드로 워킹홀리데이를 1년 다녀오려고 하는데 괜찮을까?"

의외로 흔쾌히 허락한 남자친구 덕분에 나는 마음 가볍게 시작할 수 있었던, 결과를 전혀 알 수 없었던 뉴질랜드 여정을 준비하기 시작했다.

02
열 달의 유예 기간,
그동안 나는 영어를 다시 쌓았다

○　○　○

회사를 과감하게 관두고, 서울에서 지내던 자취 생활을 접었다.

돈줄이 끊겼으니 최대한 소비를 줄이기 위해 가족이 있는 집으로 다시 들어갔다. 뉴질랜드 워킹홀리데이 비자는 만 18세부터 30세까지 매년 3천 명씩 신청할 수 있는, 일과 공부를 하면서도 여행할 수 있는 비자[1]다. 나는 일찌감치 이 비자를 받아놓은 상태라 아무 때나 뉴질랜드로 출발할 수 있었지만, 그렇게 하지 않았다. 가더라도 맨땅에 헤딩하는 것보다 영어 문법을 익히고

---

1) https://www.immigration.govt.nz/new-zealand-visas/apply-for-a-visa/visa-factsheet/korea-working-holiday-visa

가는 것이 낫다고 생각해 풀타임으로 영어 공부를 시작하기로 마음먹고 영어 학원을 알아보기 시작했다.

한국인에게 영어는 한 번쯤은 꼭 해결해야 할 풀리지 않는 숙제라고 말한다. 이를 증명이라도 하는 듯 서울 종로 3가와 종각 역 사이에 있는 빌딩들의 다수가 영어 학원임을 볼 수 있었다. 직장인을 위한 영어, 취준생을 위한 면접 영어, 문법, 회화, 쓰기 등 목적마다 다른 영어 클래스가 운영되고 있었다.
나 같이 영어 기본기가 없는 사람들은 도대체 어디서부터 시작해야 하는 것일까? 그냥 외우는 것 말고 나에게 영어 문법을 이해시킬 수 있는 영어 학원은 없을까? 영어 학원 싱인만을 다니면서 돈만 쓰고 영어는 전혀 늘지 않았던 기억 때문에 영어 학원과 코스를 선택하는 데 더 신중해질 수밖에 없었다. 그때, 유명한 영어 학원들 중 기본 문법부터 천천히 가르쳐준다는 [정철 어학원]의 3개월짜리 문법 코스를 발견했다. 월요일부터 금요일까지 하루도 빠지지 않고 두 시간씩 하는 코스였는데, 빠른 시간 내에 벼락치기로 끝내는 코스보다는 좀 더 체계적일 것 같았다. 그리고 나는 게으른 인간이 아니던가? 이렇게라도 억지로 매일 영어 학원을 나와야 공부할 것 같았다. 그렇게 영어 코스 3개월짜리를 바로 등록했다. (아쉽게도 몇 해 전 다시 가보니 내가 다니던 정철 어학원 종로점이 사라져 있었다.)
아침 10시에 시작하는 영어 수업은 일을 관둔 백수인 나 말고도 대학을 갓 졸업한 듯한 젊은 사람들과 나이가 많은 직장인들이 같은 수업을 듣기 위해 선생님을 기다리고 있었다. 회사에 있으면 한창 바쁠 시간인데, 이분들은 어떤 일들을 하시는 걸까? 속으로 궁금했지만, 그 누구도 다른 사람들과 이야기하지 않는 모습에 나도 고개를 숙이고 조용히 수업이 시작되기만을 기다렸다.

수업은 아주 쉬운 문장부터 시작했다. 기본적으로 만들 수 있는 문장들 예를 들어, 너는 학생이니?(Are you a student?)나, 너 수영할 수 있니?(Can you swim?) 등 아무것도 꾸미지 않은 뼈대만 있는 문장을 한 달간 배웠다. 이건 초등학생 아니, 유치원에서 배울 수 있는 수준이었다. '내가 아무리 영어를 못해도 너무 쉬운 거 아니야?'라고 생각했지만, 내 영어 실력을 절대 과대평가하지 않으리라 다짐하고 서두르지 않았다. 대신, 남들보다 앞자리에 앉아 수업을 가르치는 선생님을 향해 열심히 배우고 있다는 표현을 눈으로, 온몸으로 강렬하게 뿜어냈다. 기초적인 것이라도 내 머리로 스스로 이해하고 넘어갈 수 있게끔 선생님이 가진 모든 지식을 뽑아내고서라도 배우려고 애를 썼다. 둘째 달부터는 뼈에 살을 붙이는 식으로 영어 문장을 만들어냈고, 마지막 달에는 영어 문장을 꾸미고 가정을 하는 상황을 공부했다. 매번 실패했던 영어 정복, 이번만은 꼭 해내고 싶었다.

한국인에게 영어는 어떤 일을 하든 꼭 필요한 스펙 중에 하나가 되었다. 입시에만 필요할 줄 알았던 영어 공부는 취업이나 진급에도 영향을 미치니 그 누구가 필요로 하지 않을까 싶다. 일단 이름이 알려진 좋은 회사는 서류 전형에서 토익이나 토플 점수로 지원자들을 가른다고 한다. 내가 워킹홀리데이를 가고자 했던 것도 영어가 필수인 한국의 좋은 회사를 들어가기 위해서였다. 남들은 하나씩 가지고 있다는 토익, 토플 점수를 나는 가지고 있지 않았고, 토익책 중 그 유명하다는 〈토마토 토익〉 책을 사서 문제도 풀어봤지만 한 번 보고 그만두기도 했다. 〈그래머 인 유즈(Grammar In Use)〉라는 책은 남들이 다 추천하는 최고의 문법 책이라지만 설명이 전혀 없고 영어만 적혀 있어서 역시나 금방 포기했다. 영어를 조금이라도 아는 사람에게는 좋은 책이지만, 원리를 이해하고 왜 그런지 혼자 이유를 찾아서 공부하기에는 설명이 없는 책이라 나와 맞지 않았다. 아아, 정말이지 내 영어 실력은 대책이 없었다.

"목적 없는 공부는 기억에 해가 될 뿐이고, 머릿속에 들어온 어떤 것도 간직하지 못한다."라는 레오나르도 다빈치의 명언처럼, 확실히 목적이 있는 영어 공부는 입시 때 배웠던 영어 공부와는 달랐다. 나의 목표는 구체적이었다. '미국에 또 한번 컨퍼런스를 가게 된다면 이번에는 꼭 질문을 하고, 다른 사람들과 대화하리라.'

중, 고등학교 때 공부는 안 했지만 그래도 교과서에서 주워들은 단어들이 있긴 했는지, 문법 3개월 코스를 통해 좀처럼 익혀지지 않을 것 같았던 영어 문장들이 크게 그려지기 시작했다. 조동사, pp문같이 문법을 위한 문법으로는 전혀 접근하지 않고 무조건 회화 위주로, 원리를 이해하며 천천히 쌓으면서 익힐 수 있는 공부법을 택했다. 말하기 연습반은 문법 수업 뒤에 넣어서 배웠던 문법을 바로 쓸 수 있도록 계획을 짰다.

물론, 회화 수업에서 회화가 곧바로 나오지는 않았다. 머리로 생각해서 문장을 만들고, '말을 해야지'라고 마음의 준비를 한 다음에야 말을 하는 정도였다. 한국 사람들끼리 영어로 말하면 왠지 모를 쑥스러움과 민망함이 있었지만 그것도 여러 번 하다 보니 익숙해졌다. 회화 수업과 문법 수업 중간, 남는 점심시간에는 수업을 통해 알게 된 언니와 카페에서 수다도 떨며 영어로도 말하기 연습을 했다. (그 언니는 현재 미국으로 건너가 나와 같이 배웠던 영어를 미국에서 사용하며 살고 있다.)

그 결과, 뉴질랜드로 떠날 때쯤의 나의 영어 실력은 유치원 아이가 말하는 정도까지 수준을 끌어올릴 수 있었다. 10개월간의 문법 공부와 입을 조금이라도 틔우기 위한 한국에서의 연습 덕분에, 뉴질랜드에 와서 문법 때문에 낭비할 수 있었던 시간을 많이 줄일 수 있었다.

03
유학원의 도움을 받는 것도
나쁘지 않다

○ ○ ○

　뉴질랜드는 남반구에 있는 나라로, 인천 공항에서 직항 비행기를 타고 가면 최소 11시간이 꼬박 걸리는 곳이다. 뉴질랜드에 가장 인접한 나라는 호주인데, 가장 가까운 나라인 호주도 시드니까지 가더라도 비행기로 3~4시간을 타야 할 정도로 꽤 먼 거리에 위치해 있다. 나는 농담 삼아 '세계 3차 전쟁이 발발하더라도 아무런 피해가 없을 법한 유일한 나라'라고 표현하기도 하는데, 그만큼 다른 나라들과 멀리 떨어져 있고 심지어 가끔씩 세계 지도에서 종종 빠지기도 하는 그런 나라가 바로 뉴질랜드기 때문이다. 인구수가 4백만 명으로 남한 총 인구의 10분의 1 정도로 굉장히 적은 수인 반면, 나라 면적은 2배 정도니 부산에 거주하는 인구수가 뉴질랜드 땅 전체를 사용한다고 생각하면 이해가 더 빠르겠다. (부산의 인구수는 350만 명으로 추산된다.)

　뉴질랜드를 선택한 이유는 간단했다. 다른 나라보다 워킹홀리데이 비자를 수월하게 받을 수 있는 이점과 함께 환율이 다른 영어 국가보다 매우 저렴했기 때문이다. 뉴질랜드는 영연방 국가들 중 한 곳이라 영국의 문물 및 문화의 영향을 많이 받았는데, 영어를 배우고는 싶지만 영국 혹은 미국의 물가가 너무 비싸 엄두도 못 낼 때 선택하는 나라 중에 하나로 꼽힌다. 1800년대 영국권의 사람들이 뉴질랜드로 이주해서 정착했기 때문에, 부모님이나 조부모님이 영국이나 아일랜드, 스코틀랜드 출신인 뉴질랜드 사람을 많이 볼 수 있다. 물론, 물가만 따진다면 값싼 필리핀에서도 영어를 배울 수는 있다. 하지만 영어 발음이 실제 영어권과 차이가 나고, 필리핀에서 스파르타식으로 10시간씩 공부만 하거나 한국 사람들끼리 놀기만 했다는 이야기를 들어서, 가더라도 금방 해이해질 것 같아 일찌감치 제외했다.

　캐나다는 워킹홀리데이 비자 받기가 호주와 뉴질랜드보다 어려운 편이다. 호주는 워킹홀리데이 비자를 받기 제일 쉬운 나라이지만, 당시 동양인을 대상으로 일어난 폭력 사건이나 인종 차별로 말이 많았다. 뉴질랜드는 비자 면이나 자금, 그리고 조용히 영어 공부에 열중하기에 좋은 선택지라고 생각했다. 또한, 뉴질랜드 워킹홀리데이 비자는 혹여나 돈이 모자라 취업 전선에 뛰어들어야 할 경우에도 합법적으로 한 업체에서 최대 1년간 일을 할 수 있다는 이점이 있었다.

뉴질랜드 지도를 보면 크게 북섬과 남섬의 두 섬으로 이루어져 있다. 북섬의 가장 유명한 도시는 인구가 제일 많은 오클랜드(Auckland), 뉴질랜드의 수도 웰링턴(Wellington), 관광지로 유명한 로토루아(Rotorua)가 있다. 남섬은 남섬에서 가장 큰 도시인 크라이스트처치(Christchurch), 학생 수가 많은 도시 더니든(Dunedin), 관광지로 유명한 퀸스타운(Queenstown)이 있다.

뉴질랜드 대부분의 어학원들은 인구가 많고 외국인이 많이 사는 지역, 오클랜드와 크라이스트처치에 몰려 있으므로 이 두 지역을 선택할 확률이 높다. 하지만 2011년, 크라이스트 대지진으로 인해 상당수의 어학원 및 많은 비즈니스가 문을 닫거나 오클랜드로 이전하였다. 오클랜드 내에 어학원이 많은 만큼 경쟁도 상당해서, 다른 어학원과 비교해가며 저렴한 가격으로 어학원을 찾고 싶다면 오클랜드가 최적의 도시가 될 수 있다. 그렇기에 실제로 유학원들 대부분이 오클랜드로 추천을 해주는 편이다. 단점이라면 인구가 집중된 만큼 한국인이 많이 거주하는 곳이 오클랜드이기도 하다. 굳이 한국인이 많이 없는 지역으로 가고 싶다면 오클랜드보다 다른 지역을 선택하는 것을 고려 해 보는 것이 좋다. 하지만 한국인이 많더라도 오클랜드에서 영어를 배울 수 있는 여러 프로그램이 잘 갖추어져 있으니 장, 단점을 잘 따져서 지역선택을 했으면 좋겠다. 다른 지역은 대체로 한국인이 적은 편이다.

한국에서 10개월 동안 영어를 배웠더라도, 현지에서 배우는 영어 회화 연습과는 매우 다를 거라 예상했다. 그래서 그 나라 현지 상황도 익힐 겸, 뉴질랜드에 가서도 영어를 배우는 것이 좋다고 생각해 서울에 있는 유학원의 도움을 받아 영어 어학원을 등록했다. 어학원은 자신이 원하는 요구와 가격에 맞춰 선택하는 것이 좋은데 (대부분 가격으로 결정된다) 일반 영어 회화 코스, 영어 시험 성적을 위한 아이엘츠(IELTS) 코스, 비지니스 영어 코스, 장기적인 유학을 위한 파운데이션(Foundation) 코스 등 다양한 프로그램이 있다.

나는 영어 회화 실력을 향상시키고 싶었기 때문에 무난한 일반 영어 회화 코스를 선택했다. 그리고 너무 싼 가격의 어학원을 선택하면 중국인이나 동양인 비율이 많거나, 코스의 질이 좋지 않아 만족스럽지 않을 수 있으니 해당 어학원에 다니는 학생들의 국적 비율과 평이 어땠는지 물어보는 것이 좋다. 어학원 이름을 안다면 추후에 사람들의 리뷰가 어떠한지 직접 인터넷으로 사전 조사를 해볼 수도 있다.

어떤 이들은 돈을 더 적게 내기 위해 유학원을 거치지 않고 뉴질랜드에 직접 와서 어학원을 구하기도 한다. 영어가 좀 된다면 발품을 팔아서 알아보는 것도 좋은 방법이다. 하지만 마냥 가격이 싸다고 해서 모든 것을 스스로 해결하려고 하다 가기도 전에 미리 지칠지도 모른다. 영어에 자신이 없고 초반 정착에 어려움을 겪을 것 같아 도움을 좀 받고 싶다면 한국에서 유학원을 통해 상담을 받는 것도 괜찮은 선택이다.

돈을 조금 더 내서 유학원으로부터 도움받을 수 있는 것은 어학원 선택 외에도 뉴질랜드에 도착한 이후 필요한 정보 및 절차다. 뉴질랜드에 도착하면 우선 순위로 해야 할 것이 있는데 아래 목록들이 그것이다.

1

핸드폰 매장에서
뉴질랜드 심 카드(Sim card)
구매 후 개통하기

2

머물 곳 구하기
(백팩커/홈스테이/
에어비앤비/렌트 등)

3

영어 공부가 목적이라면
한국에서 어학원을
미리 구해놓기

4

일이 목적이라면 일을 할 때 필수인 **세금 넘버(IRD- Inland Revenue Department)**[2]**를 발급**하고, 급여 관리 및 한국에서 가지고 온 돈을 입금하기 위한 **은행 계좌를 개설**하기

뉴질랜드 도착 시 공항 픽업 및 은행 계좌 개설, 핸드폰 심 카드 구입 및 개통, 홈스테이 등 급격한 환경과 언어 변화로 인해 도착하자마자 무엇을 해야 할지 몰라 머릿속이 멍할 때, 유학원이 이를 도와주는 역할을 톡톡히 해주었다. 물론 혼자 했더라도 여차저차해서 어떻게든 해냈겠지만, 그 과정에서 겪었을 실수나 반복 과정 등을 줄일 수 있었다. 물론, 유학원에 너무 기대서 아예 영어를 할 수 있는 기회까지 놓쳐서는 안 되겠지만 말이다.

---

2) https://www.ird.govt.nz/how-to/irdnumbers/individuals/

04
한 달간의
홈스테이

○ ○ ○

　나는 유학원에서 어학원을 신청할 때 홈스테이(Homestay)도 함께 신청했다. 도착하자마자 짐도 많은데 여행자들이 자주 드나드는 백팩커(Backpacker: 여행자들이 장, 단기로 머무는 숙박) 같은 곳에 머물면 도난 위험도 있기도 하거니와, 생면부지 모르는 곳에 여행이 아닌 거주를 하러 오는 것은 아무리 혼자 여행을 잘 다니는 나조차도 조금 겁이 났던 것이 사실이다. 오클랜드 공항에서 내려 유학원의 도움으로 차를 빌려 타고 노스쇼어(Northshore)라는 지역에 도착했다. 그리고 러시아 출신 키위 가정의 집 앞에 나와 짐 가방을 내리고 유학원의 차는 홀연히 떠나버렸다.

　홈스테이(Homestay)란 무엇일까? 간단하게 설명하자면, 한 가정이 해외에서 공부하러 온 학생에게 숙식을 제공해주고 대가를 받는 형식이다. 대학교 근처 하숙집과 비슷하다. 숙박을 제공하는 가정집은 남은 빈 방을 제공해 돈을 벌 수 있고, 아이가 있으면 다른 나라의 학생들과 교류하며 친하게 지낼 수 있다는 장점이 있다. 처음 나라를 방문한 학생 입장에서는 홈스테이 가정에서 지내면서 적응을 할 수 있기 때문에 혼자 헤쳐나가는 것보다는 수월한 면이 있다.

내가 들어간 홈스테이 가정은 8살과 3살 정도 되는 두 딸을 기르는 러시아 출신의 키위 가정이었다. 지어진 지 얼마 되지 않은 듯한 2층 집이라 깨끗했다. 가족 대부분은 2층에 방이 있었고, 1층에는 방 두 개와 거실 그리고 부엌이 있어서 서로 마주칠 일은 거의 없었다. 나 말고도 홈스테이를 하는 다른 학생이 이미 살고 있었는데, 일본에서 온 20대 초반의 체구가 작은 여학생이 1층의 큰 방을 쓰고 있었다. 홈스테이 가정의 엄마는 책상과 싱글 침대가 놓여진 작은 방을 가리키며 저 방이 내가 지낼 방이라고 알려주었다. 그 분은 나에게 오클랜드 시내까지 가는 교통 및 버스를 어디서 타는지를 알려주었고, 아침은 시리얼 종류를, 저녁은 그때그때 다르다고 알려주었다.

홈스테이는 처음 적응할 때 필요한 정보와 먹는 것, 침대, 책상, 이불 등 생활에 필요한 모든 것을 거의 다 제공한다. 그래서 초기 정착 시 가구나 생활용품을 구매해야 하는 압박감이 없어 마음이 편하다. 홈스테이의 가격은 뉴질랜드 달러로 1주당 220불에서 많게는 350불로, 처음에는 비싸다고 생각할 수 있지만 숙박과 음식(아침/저녁) 전기, 인터넷 모든 것이 제공되니 이것저것 따져보면 꽤 괜찮은 제안이다(2011년 당시의 금액임으로 다소 차이가 있을 수 있다).

그리고 키위 가정과 같이 사니 이 나라 사람들은 어떻게 사는지 직, 간접적으로 체험할 수 있었다. 가끔씩 저녁 시간이 되기 전 홈스테이 가정의 귀여운 아이들과 같이 산책하러 공원에 가기도 하고, 어린아이들과 함께 있다 보니 성인과 말할 때 간혹 움츠러졌던 '외국인 공포증'도 아이들 앞에서는 없어져 조금 더 자신감 있게 말할 수 있었다. 홈스테이 가정 엄마도 내가 영어를 잘 못하고 어색해하는 걸 알기 때문에 배려해 주셨다.

한집에서 같이 살기 때문에 홈스테이 가정의 생활 스타일을 존중해야 하는 에티켓을 보여주어야 하는데 내가 겪었던 몇가지를 이야기하자면 다음과 같았다.

—— 샤워는 10분 이내로

보일러로 물을 데우는 한국과는 달리 뜨거운 물을 담는 물탱크를 설치하여 사용하는 가정집이 많다. 물을 데우는 데 비싼 전기세가 들고, 물을 다 써버리면 그 뒤로는 찬물이 나오므로 샤워 시간을 줄여야 한다. 한국과는 달리 전기세가 비싸다.

—— 음식

아침은 주로 시리얼이나 토스트를 제공하고, 저녁은 홈스테이 가정마다 다른 음식을 제공한다.

—— 화장실 사용 에티켓

한국과 달리 건식이기 때문에, 바닥을 흥건하게 하지 말아야 한다. 다음번에 사용할 사람을 위해 물기를 제거하는 것이 좋다.

의외로 무제한 인터넷이 아닌 제한된 데이터 양을 쓰는 많은 가정이 많다. 영화나 TV 프로 다운받는 것을 줄인다.

내가 지낸 홈스테이 가정은 많은 룰을 가지고 있진 않았지만, 몇 가지 적응되지 않는 점이 있었다. 바로 취침 시간이 꽤 이르다는 점이었다. 알고 보니 어린 자녀가 있는 뉴질랜드 많은 가정들은 저녁 7시에서 8시 정도 되면 아이들을 바로 재우다 보니 불이 다 꺼지고 집이 조용했는데, 밤에도 늦게 활동하는 한국과는 달리 조용한 뉴질랜드의 밤은 너무 길었다. 그리고 러시아식 스튜를 저녁으로 제공했는데, 밤 늦게까지 깨어 있어서 그런지 밥이 포함되지 않은 스튜는 금방 배가 꺼지고 허기가 졌다. 그들의 생활 패턴을 따라야 한다는 것이 어떤 사람에게는 어려움이 될 것 같다.

홈스테이는 마치 펜팔과 같다. 운이 좋으면 마음이 잘 맞는 사람을 만나 가족처럼 편하게 1년 넘게 지내는 사람이 있는가 하면, 마음에 들지 않는 가정을 만나 며칠 만에 홈스테이 가정을 바꿔달라고 말하는 사람이 있기도 하니 말이다. 내가 머문 홈스테이 가정은 친절하고, 화목했고, 다른 일본인 홈스테이 학생도 조용하고 별 문제가 없었던 집이었다. 다른 사람들의 이야기를 들어보면 저녁밥도 가족이 먹을 것과 홈스테이 학생이 먹을 것을 따로 해서 차별을 주는가 하면, 집이 깨끗하지 않고 벌레가 많다는 경우도 있다고 하니 내가 머물렀던 곳은 아주 좋은 곳임에는 분명했다. 하지만 나의 마음가짐이 문제였다. 돈을 내고 살고 있으면서도 괜히 남의 집에 신세지고 있다는 느낌에서 벗어날 수 없었다. 한국에서 혼자 자취하던 것에 너무 익숙해서 다른 가족들과 같이 지내는 것에 적응이 되지 않았던 건지도 모른다. 결국 나는 홈스테이 비용이 비싸다고 둘러댄 뒤 한 달을 채우고 바로 플랫 생활로 옮겨가게 되었다.

tip

뉴질랜드의 홈스테이 정보를 찾을 수 있는 사이트

▢ https://www.aucklandhomestay.org/
▢ http://www.homestayin.com/

05
어학원,
영어 말하기 실전 돌입

○ ○ ○

    뉴질랜드 도착 후 첫 번째 공식 일정은 미리 한국에서 등록한 어학원에 가는 일이었다. 어학원에 들어가자마자 가장 먼저 받은 것은 어학원 소개와 함께 반 배정을 위한 영어 테스트였다. 어학원을 처음 등록한 각국의 10명 남짓의 인원이 모여 영어 테스트를 받았다. 테스트는 간단했다. 영어 듣기, 문제 풀기와 받아쓰기 정도. 테스트를 받은 후 나뉘는 반 배정은 주로 초급반(초급반 아래로 Beginners/Elementary로 또 나뉜다), 중급반(Lower Intermediate/Intermediate/Upper Intermediate) 그리고 고급반(Advanced)이었다.[3]

---

3) 어학원마다 반을 나누는 기준은 다르므로 참고만 할 것

한국에서 영어 문법을 좀 공부하고 왔으니 '고급반까지는 아니더라도 높은 중급반 정도 들어가겠지'라고 생각했지만, 받아 든 문제 풀기 시험은 내가 한국에서 공부했던 것과는 달랐다. 결국 나는 중급반 중에서도 가장 낮은 급(Lower Intermediate)으로 배정받았고, 일주일 정도 있다가 반이 내 영어 레벨보다 현저히 낮다고 생각해 건의해서 반을 한 단계 위로 변경할 수 있었다.

어학원에서 배우는 것은 텍스트북 위주로, 각 챕터마다 주제가 있고 그에 따른 질문과 문법이 포함되어 있는 책이었다. 특정 주제의 글을 읽으며 토론을 하고 그 주제를 옆의 사람과 이야기를 공유하는 방식으로 진행되었는데, 문법이 아닌 주로 대화 위주였다. 오후에는 선생님이 준비하는 유인물을 통해 공부를 했다. 왠지 해외에서 배우는 영어는 한국과 매우 다를 것이라며 엄청 기대했지만 생각보다는 그저 평범한 어학원이었다.

내가 속해 있던 반은 여름 방학 시즌이라 그런지 유난히 브라질 사람들이 많았다. 내 옆에 앉았던, 내 나이 또래인 아만다도 여름 방학을 이용하여 뉴질랜드로 영어 공부를 하러 온 브라질 출신의 친구였다. 키는 나와 비슷했지만 이목구비가 뚜렷해서 예뻤던 친구였다. 아만다와 자연스레 이야기하다 보니 그녀의 친구들을 만나게 되었고, 정신을 차려 보니 주위의 노는 무리들은 전부 브라질 출신들의 사람들로 형성됐다. 물론 어학원에는 브라질 출신 말고도 간간히 한국 출신 학생이 두세 명 정도 보였지만, 굳이 그들과 친해져야겠다는 생각이 들지 않았다. 솔직히 말하자면, '영어를 잘하기 위해서는 한국 사람들과 어울리지 말아야 한다'라는 조언을 들었던 것 때문에 한국 사람들을 피하고자 하는 심리도 있었던 것 같다.

내가 어학원을 다니는 동안 집중했던 것은 오직 회화 연습이었다. 문법은 한국에서 어느 정도 마치고 왔기 때문에, 배운 문법을 가지고 어떻게 응용하고 말로 뱉어 내느냐를 고민했다. 아무리 머리로 문법을 꿰차고 있더라도 말을 하지 않으면 아무 짝에도 소용 없지 않은가? 나는 책상에서 책을 파며 공부하는 타입이 아닌 주로 몸으로 부딪치며 경험을 통해 배우는 타입이라 몸으로 익히는 경험을 만들고자 했다.

말하기 연습을 위해 여러 가지 시도를 했던 것 중 가장 많이 활용한 방법은 '앵무새 말하기'였다(쉐도잉 영어라 부르기도 한다). 나보다 영어를 잘하는 사람의 말을 듣고 따라 하는 것인데, 어린아이들이 어른의 말을 듣고 따라 하는 것처럼 가장 자연스럽게 언어를 배우는 방법이기도 하다. 상대방의 말이나 단어를 알아듣고 그 자리에서 까먹기 전에 꼭 입으로 소리 내어 사용하는 것이다. 예를 들어, 내가 안부를 묻기 위해 "How are you?"라고 질문하면, 우리 머릿속에서 상대방이 대답하는 예상 문장은 "Good, and you?"일 것이다. 왜냐하면 이것이 우리가 교과서에서 배운 전형적인 대답이기 때문이다.

하지만 영어를 모국어로 쓰는 사람은 우리가 원하는 대답을 주지 않았다. 영국 잉글랜드 출신 남성은 내가 "How are you?"라고 묻자, 특유의 고상한 영국 발음으로 "Good, yourself?"라고 되물었다. 우리가 교과서에서 배우지 않은 생소한 답변을 준 것이다. 유어셀프(Yourself) 하나가 이렇게 고급지게 들리다니! 기존에 배웠던 대답 외에도 현지인을 통해 다양하게 답할 수 있다는 것을 일깨워 주면서도 더 현지인스러운 대답을 표현할 수 있었다. 게다가 알아듣기도 쉽고, 외우기도 쉬워서 두세 번 반복해서 쓰면 그 표현이 내 것이 되었다. 여기서 중요한 포인트는 내가 감당할 수 있을 정도의 표현법을 쓰는 사람을 목표로 잡아야 말하기가 편하다는 것이다. 그렇게 나보다 조금 더 잘하는 사람, 시간이 지나서 더 잘하는 사람을 따라 하며 실력을 올려 나갔다.

두 번째는, 일부러라도 영어를 만드는 상황을 만든 것이다. 상황이라고 해봤자 거창한 것이 아니다. 옷 쇼핑을 하러 갔다고 가정해보자. 그때 직원이 와서 찾고 있는 것이 있냐고 묻는다거나, 옷을 입어 볼 피팅룸에 들어갈 때도 나눌 수 있는 대화가 있을 것이다. 사이즈가 어떻게 돼?(What size are you?)나, 옷을 입을 때 "어떻게 되어가니?(How does it go?)" 등 직원들이 묻는 질문들은 매우 한정되고 간단한 표현들이 많다. 이런 질문들을 캐치하고 대답하면 저절로 [옷 가게에서의 대화] 수업이 진행된다. 어떻게 대답할지 모른다면 옆에 옷을 갈아입던 외국 여성들이 하는 대화를 귀 기울여 들어보면 도움이 된다. '외국애들은 이렇게 대답하는구나'라고 듣고 그걸 또 똑같이 써 먹으면 되는 것이다.

영어 순발력을 키우고 싶다면 서브웨이(Subway) 샌드위치 가게를 한번 찾아가보자! 샌드위치 가격이 싸기 때문에 자주 찾는 곳이기도 하면서도 영어가 서툴렀던 나에게 꽤 고역이었던 장소 중 하나였다. 서브웨이 샌드위치는 고객이 원하는 대로 만들어주는 특성상, 고객에게 물어보는 질문들이 정말 많다. 빵을 토스트(Toast) 할 건지 말 건지, 치즈는 어떤 것을 넣을 건지, 야채는 뭘 넣을 것인지, 소금과 후추를 뿌릴 것인지 말 것인지, 샌드위치 하나 주문하는 데 필요한 온갖 주문을 생각해 보고 영어로 그것을 대답해야 했다. 게다가 뒤에 손님들이 줄을 서서 기다리고 있기 때문에 빨리 대답을 하지 않으면 안 될 것 같은 압박감까지 있다! 머리로 생각하지 않고 바로바로 입에서 영어가 나오도록 하는 연습 과정에 이렇게 또 [샌드위치 가게에서의 대화] 수업 하나가 만들어진다. 카페, 커피숍, 도서관, 피자 가게 등 일상적인 장소에서 시작해서, 조금 더 수준 높은 은행 업무나 집을 구할 때, 친구와의 깊은 일대일 대화까지 모두 도움이 되었다. 상대방이 대화 과정에서 특정 단어를 여러 번 말했는데 내가 그 단어를 모를 경우, 대화가 끝날 때까지 기억을 한 후, 나중에 단어에 대한 뜻을 찾으면 영어 단어 공부도 자연스레 할 수 있었다.

자신의 영어 회화가 초급을 넘어 중급 정도의 단계로 올라가서 평소에 하는 대화들이 지루하고 더 이상 영어가 늘지 않는다고 생각이 든다면, 커뮤니티나 동호회에 참여하는 것도 좋은 방법이다. 토스트마스터즈(Toastmasters)[4]는 대중 앞에서 말하는 기회를 제공하고 그에 대한 리더십과 발표능력을 키

---

4) https://www.toastmasters.org/

소화행을 위한 해외 취업, 실전 뉴질랜드 생존기
나는 뉴질랜드에서 일한다   38

우는 프로그램이다. 토스트마스터즈 클럽은 143개국 16,600개의 클럽이 있는 비영리 단체인데, 한국에서도 뉴질랜드에서도 쉽게 찾을 수 있다. 어느 정도 영어를 하지만 상급 이상으로 더 영어가 늘지 않을 때, 그리고 영어로 말할 때 자신감이 부족해 자신감을 키우려 할 때 이 프로그램에 가입하는 것도 좋은 방법이다. 나도 토스트마스터즈에 가입한 지 벌써 3년이 되어가는데, 영어를 잘하기 위해서는 문법만이 아닌 자신감을 키워야 한다는 것을 실감하면서 지금도 나에게 많은 도움이 되고 있는 프로그램이다.

어학원에서의 추억으로 가장 기억나는 것은 수업시간보다 방과 후 시간에 했던 것들이다. 브라질 출신 친구들과 어학원을 끝내고 펍(Pub, 맥주를 파는 장소를 펍이라고 부른다)에서 맥주 한잔 마시면서 자신감에 찬 (물론 맥주의 도움이 컸다) 목소리로 이야기하는 시간은 수업시간에 배우는 영어보다 훨씬 영어 말하기 실력을 향상시켜 주었다. 출신은 달랐지만, 다들 영어 실력이 비슷해서 서툰 문장을 만들더라도 척하면 착! 하고 철썩 같이 알아들었다. 내가 영어를 틀리게 말하더라도 그들이 알아 들으니 좀 더 자신감이 생겼다. 가끔씩 나보다 영어를 좀 더 잘하는 친구가 "너 이 단어 발음할 때 못 알아듣겠어" 하고 지적하며 주기도 했지만, 기분이 나쁘지는 않았다. 영어라는 하나의 주제로 다른 비영어권 출신들과 친해질 수 있었기 때문이다.

펍에서 놀며 친해진 브라질 친구들 중, 당시 19살 정도 된 이야라(Iara)라는 친구가 어학원 수업이 끝나고 쉬는 시간 중 나에게 다가와 넌지시 물었다.

"우리 방에 같이 머물 사람을 한 명 찾고 있는데 혹시 생각 있니?"

이야라는 자기와 방을 같이 쓸 것이고, 방을 같이 쓰면 가격이 싸니 나에게도 좋을 것이라고 설득했다. 마침 홈스테이가 불편하던 참이라 솔깃한 제안이었다. 그 친구는 내가 브라질 친구들과 잘 어울리니 같이 지내도 괜찮을 것이라고 생각했던 모양이다. 한 푼이라도 돈을 더 아끼면서도 다른 문화권의 사람들과 같이 살면 영어를 더 많이 하겠거니 라는 생각에 선뜻 예스(YES)라 대답했다.

어학원을 다니는 것은 영어를 배우는 것이 첫 번째 목적이다. 하지만 다른 나라에 온 사람들과 영어 공부를 통해 친구를 사귀고, 정보를 공유하고, 같이 놀며 추억을 쌓은 것도 내가 어학원을 다니면서 얻은 값진 시간이었다. 어학원은 우리의 서툰 영어를 들어줄 수 있는 사람들을 만나는 장소다. 어느 나라를 가더라도 더듬더듬 발음도 엉망인 우리의 영어를 참고 들어줄 수 있는 인내심 있는 착한 사람은 어학원 밖에서는 만나기 힘들다.

지금까지도 어학원에서 만났던 인연을 이어가고 있다. 그 인연은 아이러니하게도 어학원에서 그렇게 피하고 싶었던 한국인, 줄리아라는 영어 이름을 가진 언니다. 힘들 때 내 옆에서 도와주는 든든한 지원군으로 여태껏 뉴질랜드에서 인연을 이어가고 있으니, 어학원은 나에게 평생의 좋은 친구도 남겨준 셈이다.

06
브라질리언과 동침?
뉴질랜드에서 플랫 생활하기

○ ○ ○

1인 가구가 많아진 추세로 한국에서는 최근에서야 셰어하우스(Share house)가 유행으로 떠오르지만 뉴질랜드에서는 학생들이나 젊은 사람들이 오랫동안 취해 왔던 익숙한 생활 방식이다. 여기서는 그것을 '플랫팅(Flat-ting)'이라 부른다.

플랫(Flat)이란 집이나 룸, 아파트 등 주거지를 통틀어 말하고, 플랫메이트(Flatmate)는 플랫(Flat)과 메이트(Mate)의 합성어로, 플랫을 같이 공유하는 사람을 뜻한다. 거주 공간인 아파트나 집을 통째로 빌린 다음, 화장실과 부엌 등 공용 공간을 공유하고 각자 방을 쓰는 방식이다. 1인당 방을 하나 쓰는데, 개인과 개인이 만나서 사는 것이 될 수도 있고, 커플과 커플이 만나서 방을 커플 당 하나씩 쓰는 등 플랫을 하는 방식은 다양하다. 다른 사람에게 소개할 때 "얘 내 플랫메이트야"라고 한다면 같이 공동 주거를 하는 사람으로 소개하는 것이다.

　브라질 출신 이야라의 제안으로 들어가게 된 나의 첫 뉴질랜드 플랫 생활은 뉴질랜드 도착 후 두 달째 되던 때에 시작되었다. 오클랜드의 한 아파트에서 나는 네 명의 브라질리언들과 같이 살게 되었다. 방이 두 개가 있는 아파트였는데, 세 명의 브라질 여자들과 내가 두 명씩 각각 방을 같이 쓰고, 거실에는 한 명의 브라질 남성이 잠을 자는 구조의 플랫이었다. 네 명의 브라질리언과 한 명의 코리안이라…. 지금 생각해보면 덥석 그 친구들과 살겠다고 한 것이 웃길 따름이다. 하지만 해외에서 스스로 모든 재정을 감당해야 하는 상황에 돈을 조금이라도 아낄 수 있고 영어를 조금이라도 더할 수 있다면 무엇이든 감수하지 못할 것은 없었다. 그 덕분에 홈스테이에 내던 2백 몇십 불과 점심비, 교통비를 합친 주당 400불 이상의 지출에서 적게는 10%에서 많게는 20%까지 절약할 수 있게 되었다.

　플랫팅하는 것은 홈스테이와는 차이가 있다. 홈스테이는 앞서 말한 것과 같이 한 가정에 한 명이 들어가서 음식과 숙박에 대한 가격을 내고 그 나머지는 전혀 신경 쓰지 않는, 아주머니가 밥도 해주고 방도 제공해주는 8, 90년대 하숙집 정도로 생각하면 이해가 빠르겠다. 반면 플랫팅은 집세는 물론, 자신이 쓸 침대나 책상은 자기가 알아서 마련해야 하며 전기세 및 인터넷 등은 각자 균등하게 나누어서 내는 것이 특징이다. 집을 통째로 부동산을 통해 직접 렌트를 하는 것이기 때문에 모든 책임은 집을 빌리기로 계약한 사람, 즉 플랫메이트 중 이름을 걸고 서명한 사람에게 일임이 된다. 음식도 당연히 알아서 해먹어야 한다. 플랫하는 사람들마다 각자 차이가 있겠지만, 같이 저녁을 해먹는 경우도 있고 또는 특정일에 돌아가면서 음식을 하는 경우, 각자 먹는 경우 등이 있다. 이는 플랫메이트들과 상의해서 조절하며 살아갈 수 있다.

플랫 생활을 해서 좋은 점은 혼자서 외롭지 않게 살 수 있다는 것과 플랫메이트들과 친구가 되어 같이 놀러 다닐 수 있다는 점 등이다. 4명의 브라질리안들과 살다 보니 나도 그 사이에 껴서 브라질 음식을 먹을 기회가 많았다. 브라질 사람들도 한국처럼 밥이 주식인데다가, 팥처럼 달달한 콩과 곁들여 먹는 문화라 거부감 없이 먹을 수 있었지만, 다만 딱 한 가지 어려운 점이 있었다. 밥과 함께 먹는 고기는 마치 소금 무침이라고 해도 지나치지 않을 정도로 너무 짜서 혀가 얼얼할 정도였다. 짜게 먹는 그들의 음식 습관은 도무지 적응이 되지 않았다.

음식뿐만 아닌 문화, 언어 등도 배울 수 있었다. 저녁을 먹고 나면 흥 많은 브라질 출신 아니랄까 봐, 브라질 음악을 틀고 술에 한잔 곁들이면서 춤을 춘 카를라(Carla)는 나에게 삼바 스텝을 어떻게 밟는지 가르쳐주곤 했다. 중간중간 포르투갈어도 하나씩 귀동냥으로 들으면서 배우기도 했는데, 자기들끼리 포르투갈어로 심각하게 이야기하는 자리에 아무런 정황도 모르는 내가 밑도 끝도 없이 "세류(Sério, 정말)?"라고 중간에 맞받아 치기라도 하면 심각한 분위기는 사라지고 깔깔거리는 웃음만 가득하기도 했다.

키 크고 (가슴도 큰) 늘씬한 나이자(Naisa)는 나에게 브라질 남자에 대한 충고를 해주며 브라질 남자는 연애하기엔 참 좋지만 결혼 상대로는 적합하지 않다고 알려주었다. 또, 브라질리언 왁싱이 왜 브라질리언 왁싱으로 불리는지 (오오, 정말 생생한 이야기들을 해주었지만 이 책에서는 이야기하지 않겠다.) 등, 브라질에서 일어나고 있는 이야기들을 지구 반대편 한국에서 온 나에게 생생하게 전해주었다. 비록 3개월이라는 짧은 기간이었지만 신선했던 동거동락이었다.

단점이라고 한다면, 한집에 같이 사는 것이기 때문에 공동으로 쓰는 공간, 즉 화장실과 부엌을 사용할 때 부담스러울 수 있다는 점이다. 나는 무딘 편이라 다행이었지만, 예민한 사람에게는 화장실에서 볼일 보는데 편하게 쓰지 못하는 것은 큰 고통이 될 수 있고, 방을 같이 쓰면 상대방이 자고 있을 때 조심조심 일어나고 준비해야 하는 것이 불편할 수 있다. 특히, 부엌은 다양한 인종이 사는 경우 음식 냄새에 대한 거부감이 생기는 경우가 있다. 나는 한국 음식을 잘 해먹지 않아 김치를 사지 않았다. 한국 음식에 익숙하지 않은 플랫메이트에게 김치 냄새는 고역일 수도 있을 것 같아 김치를 사는 건 아예 생각하지도 않았다. 그래서 음식 때문에라도 일본, 중국 또는 한국 사람끼리 모여 사는 게 편할 수 있다. 하지만 한국 사람들과 같이 플랫메이트로 사는 경우 영어를 할 환경이 조성되지 않을 수 있다.

태어난 나라도 다르고 초면인 사람들과 살다 보면 아주 작은 일에도 부딪치는 것들이 많아 한곳에 살기 위해 지켜야 하는 플랫 규칙이 집마다 각각 생기기 마련이다. 상식적인 선에서 지켜야 할 밤 10시 이후 고성방가 금지, 샤워는 하루에 한번, 샤워 후 깨끗이 정리하기 등이 있지만 가끔씩 까다로운 룰이 생기기도 한다. 집에 친구 데리고 와서 놀지 말 것, 여자친구나 남자친구를 데리고 와서 재우지 말 것, 거실 사용 금지 같은 것들 말이다. 이런 룰에 마음에 들지 않아도 어쩌겠는가. 공동 주거이니만큼 조율할 수밖에. 하지만 한 가지는 확실했다. 룰이 많으면 많을수록 플랫의 자율성은 사라지고 갑갑한 고시원 같은 단절된 생활로 변질된다는 것을 말이다. (이런 룰은 대체로 동양인 혹은 한국인이 사는 곳에 있었다.)

반대로 룰이 너무 없어서 플랫 생활을 하던 중 곤혹스러웠던 경험도 있다. 그 사연 중 하나를 이야기하자면 단연코 방음이 잘 되지 않았던 플랫에서 살았을 때다. 30대 키위 남성과 20대 후반 미국 여성, 그리고 나까지 총 세 명이 사는 플랫에서 있었던 일이다. 미국 출신 여성은 당시 남편과 헤어진 지 얼마 안 되었고 마침 우리 플랫에 방이 하나 남아서 곧바로 들어와 살게 되었었다. 그 친구는 별거의 충격이 커서 그런지 외로움을 달래기 위해 많은 남자를 만나고 다녔는데…. 뭐, 사람을 만나고 다니는 거야 본인 자유니 전혀 문제가 될 것이 없었다. 하지만 남자들이 머물렀던 곳이 항상 그 친구의 방이었고, 그 방이 벽을 같이 나눠 쓰는 내 옆 방이라는 것이 문제였다. 사생활에 대해서는 터치를 하지 말아야 한다는 생각에 시끄럽다거나, 신상도 잘 모르는 남자들을 아무나 데리고 플랫에 들어와서 재우지 말라고 면전 앞에서 말할 수 없었지만, 소음방지를 위한 귀마개를 사야 하나 깊이 고민할 정도로 동물이 내는 듯한 야생의 신음소리에 한동안은 이불을 뒤집어쓰고 괴로운 밤을 보낼 수밖에 없었다. 나중엔 자기도 미안했는지 다른 곳으로 이사 갈 때 운전도 해주고, 송별회를 할 때 음식도 준비 해주는 친절함을 보여주어 훈훈하게 마무리 되었지만 말이다.

플랫메이트 혹은 플랫을 구하는 방법에는 여러 가지가 있지만 여기에서는 세 가지 정도를 소개하고자 한다.

첫 번째로 현지인과 플랫을 하고 싶은 경우, 트레이드미[5]라는 뉴질랜드 유명 웹사이트에 접속하여 플랫메이트를 찾을 수 있다. 서로 초면인 사람들과 같이 사는 목적으로 구하는 것이기 때문에 플랫을 찾는 사람도, 플랫메이트를 구하는 사람들도 사전 인터뷰를 통해 잘 맞는지 아닌지 알아보는 단계가 반드시 필요하다. 집이 깔끔하고 잘 정리되어 있는 인기가 많은 플랫 같은 경우 여러 명과 인터뷰를 해서 가장 신뢰가 있고 돈을 밀리는 일이 없는 신분의 사람을 플랫메이트로 선정한다.

두 번째는, 한국 웹사이트에서 찾는 방법이 있다. 다음 포털 사이트의 뉴질

---

5) http://www.trademe.co.nz

랜드 이야기[6]라는 카페와 코리아 포스트[7] 웹사이트에서 플랫메이트를 쉽게 구할 수 있다. 한국 사람들만 이용하는 웹사이트이기 때문에 말이 잘 통하고, 트레이드미에서 플랫을 구하는 것과 비교하면 정말 쉽게 구할 수 있지만, 당연하게도 단점은 영어를 쓰는 환경이 줄어든다는 점이다.

마지막으로, 어학원 친구들이나 아는 사람들 중 혹시 플랫메이트를 찾는 사람이 있는지 물어물어 구하는 방법이다. 아는 친구를 통해 찾기 때문에 신뢰가 어느 정도 형성이 되어 있고, 또 그들이 그들 친구에게 물어봐주기도 한다. 오래된 방법이기도 하지만, 그래도 효과가 좋은 방법 중 하나다.

요새는 페이스북이나 SNS를 통해 먼저 플랫을 구하는 글을 올려 적극적으로 찾는 것도 한 방법이다. 단기로 살 곳을 찾는다면 백팩커(Backpacker)와 같이 여행자를 위한 숙박이지만 단기로도 사는 것도 한 방법이 될 수 있고, 최근에는 에어비앤비(Airbnb)도 단기 숙박을 찾기에는 좋은 웹사이트 중 하나니 참고하는 것이 좋다.

플랫을 구할 때 고려해야 할 몇 가지 따져봐야 할 것은 일단 그 집에 방문해보고 같이 살 사람들이 어떤 사람인지 어느 정도 알아보는 것이다. 20대 초반 대학생들이 사는 플랫이고, 맥주병이 집 안에 흔하게 굴러다니며 노는

---

6) http://cafe.daum.net/newzealand
7) http://www.koreapost.co.nz

걸 좋아하는 듯한 분위기라면 매주 금요일은 파티가 열릴 가능성이 높다. 사람을 좋아하는 성격이라면 많은 친구들을 사귈 수 있는 환경이 만들어지지만, 조용한 사생활을 좋아한다면 필히 피해야 하는 집이다. 이런 집은 모르는 사람이 친구의 친구로 파티에서 놀다가 가끔씩 물건을 슬쩍 하는 경우도 있으니 도난에도 신경 써야 한다. 플랫으로 살 집에 방문해서 집의 내부와 외부가 청결하고 집이 허름하지는 않은지 확인하는 것은 필수다. 더불어 침대나 책상 등 가구가 제공이 되는지도 물어보아야 한다. 대부분의 플랫이 가구가 제공되지 않는 방만 빌려주는 형태기 때문에 가구를 구해야 하는 경우가 많기 때문이다.

한국 사람이나 동양인들과 플랫을 하는 경우 집은 대체로 깔끔하고 가구가 제공되므로 그만큼 조용함과 안정감을 준다. 하지만, 주거 비용을 줄이기 위해 거실을 공용 공간으로 보지 않고 거실 한 켠을 다른 사람에게 침실 공간으로 주거나 한 방에 여러 명이 쓰도록 하는 경우가 간혹 있다. 그리고 남자친구나 여자친구가 있다면 이들을 데리고 오지 말라는 규칙이 있을 수 있다. 비용을 줄이는 것은 자신의 선택이지만, 그만큼 몸과 정신이 괴로운 경우가 있으니 각 플랫마다 사람들이 정한 규칙을 잘 참고해 고르는 것이 좋다.

60대를 바라보던 콧대 높은 여자 어학원 선생님, 50대 집에서 회계 일을 하던 중국인 아주머니, 큰 개를 키우던 30대 회사원, 30대 힙스터 느낌 폴폴 나는 키위 남성, 한국 커플과 워킹홀리데이로 온 20대 한국 동생 등 여러 번

이사를 하면서 나와는 매우 다른 사람들과 많은 플랫 생활을 경험했다. 지나고 생각해보면 뉴질랜드라는 나라에 홀로 생활하면서 제일 기억에 오랫동안 남는 것은 누구와 같이 생활했느냐가 아닌가 싶다. 물론 항상 좋은 일, 나쁜 일만 있었던 것은 아니지만 말이다.

07
초기 생활 자금,
얼마나 필요할까?

○ ○ ○

초기 자금은 매우 중요하다. 영어 공부에만 한두 달만이라도 전념하고 싶으면, 통장 잔고가 두둑하지는 않을지언정 적어도 몇 달은 견딜 만한 생활비가 있어야 공부를 하더라도 마음 편하게 할 수 있다. 자신이 매달 얼마나 쓰는지 추산해서 언제 돈이 바닥날 것이고, 몇 달간은 일을 하지 않아도 괜찮겠구나를 미리 계산해야 나중에 닥쳐올 조급한 마음을 다스릴 수 있다. 뉴질랜드 생활을 하면서 소비를 할 수밖에 없는 부분과 가격 및 품목에 대해 몇 가지 이야기하고자 한다.

주거비

제일 많이 나가는 소비는 바로 주거비, 월세다. 뉴질랜드는 월 기준이 아닌 주(week) 기준으로 주거비를 책정하며, 외곽으로 나가면 싼 곳은 주당 150불부터 시작하고 시내 중심부는 350불 정도까지로 가격이 천차만별이다. 월로 계산하면 한 달 600불부터 최대 1,400불, 한국 돈으로는 50만 원부터 최대 120만 원까지니, 비싼 곳은 강남의 오피스텔에 한 달 사는 것과 비슷한 가격을 내는 것이 된다. 지금 이 가격은 남들과 집을 같이 썼을 때의 기준인 플랫팅(Flatting)에 대한 가격이지만, 어떤 타입의 집에서 살지, 또 혼자 살 것인지, 여럿이서 살 것인지에 대한 여부에 따라 가격 차는 커진다.

워킹홀리데이로 돈을 많이 가지고 오지 않은 사람들은 혼자 사는 원룸, 스튜디오 타입형 렌트는 너무 비싸기에 대부분 남들과 사는 형식의 플랫팅을 하는 것이 가격 면에 있어서 합리적이다. 나는 워킹홀리데이 초반에는 150불부터 방을 찾기 시작해서, 나중에 경제활동을 했을 때는 200불에서 230불 정도의 가격 선으로 플랫을 찾았다.

주거에 들어가는 다른 세세한 지출들, 전기세나 인터넷, 같이 쓰는 식료품들, 예를 들어 쿠킹 오일, 화장지 같은 것은 플랫메이트들과 같이 상의를 하여 n분의 1로 나눠 낸다. 어떤 집은 다 같이 함께 쓰고 구매하는 경우가 있고, 어떤 집은 내 것과 남의 것을 구분해서 쓰는 경우가 있으므로 집마다 다르다는 것을 확실히 하고 인지해야 나중에 네가 내 것을 썼느냐, 안 썼느냐 같은 치사한 싸움을 줄일 수 있다.

음식

요리에 관심이 없었다면 해외에 나와 사는 김에 적극적으로 요리를 배우는 것은 어떨까? 뉴질랜드에서 사 먹는 외식 비용이 하나, 둘 쌓이면 큰 지출이 생긴다. 나는 보통 마트에 들러 일주일치 장을 한꺼번에 보는데, 1인 기준으로 한 주당 100불, 한국 돈으로는 8만 원 정도가 들었다. 저녁은 집에서 해 먹는 편이고, 저녁을 많이 만들어서 남는 음식은 그 다음날 점심 도시락으로 해결했다. 점심을 준비하지 않아 근처에서 저렴하게 사 먹으면 최소 10불에서 15불 정도 돈이 든다. 만약 점심과 저녁을 매번 사 먹는다고 가정하면 하루 최소 20~30불, 한 주에 대략 140불에서 210불 정도가 식대로 나간다고 생각하면 된다. 마트에서 장을 보는 것보다 돈은 두 배 정도 더 든다.

기분 전환으로 분위기 괜찮은 레스토랑 같은 곳에 먹는다면 가격은 껑충 뛴다. 현지 키위 레스토랑은 메인 메뉴가 대체로 30불은 넘어간다. 그러므로 가지고 온 생활 자금이 여유롭지 않다면 밖에서 사먹는 것을 지양하고 마켓에서 일주일치 음식을 사고 점심과 저녁을 만들어 먹는 것이 정신 건강에 이롭다. 어떤 한국 친구들은 돈을 많이 아끼려고 라면으로 자주 때우기도 하는데 그것도 하루 이틀이지, 타지에서 아프지 않게 건강하게 먹는 것이 돈을 아끼는 길이므로 라면만 먹는 일은 없었으면 한다.

교통

교통 비용은 한국과 비교하자면 말도 안 되게 비싸다. 버스 한 번 타는데 정말 가까운 거리가 아닌 이상 대부분 4, 5불이 든다. 버스로 하루를 왔다 갔다 왕복하면 거의 10불, 즉 한국 돈으로 8천 원 정도가 되니 사람들이 왜 버스를 이용하지 않고 자차를 선호하는지 그 이유를 알 수 있다. 같은 거리로 계산하면 기름값이 훨씬 덜 들기 때문이다.

나는 주거지를 구할 때 교통편도 어떤지 같이 확인하는 것을 추천하는 편이다. 버스 운행 빈도가 한국처럼 많지 않아 1시간에 한 번씩 오는 경우가 있기 때문이다. 빈도수가 잦을수록, 늦게까지 운행할수록 편하게 이용할 수 있고 주거지 선택에 있어서도 버스가 자주 온다면 가격이 싼 먼 거리 주거지도 고려할 수 있다.

여가 생활

영화 티켓은 평균 15~20불 정도, 뉴질랜드에서 학생으로 증명할 수 있는 학생증이 있는 경우 학생 할인으로 구매할 수 있다. 나는 쇼핑을 거의 하지 않고 술을 거의 마시지 않기 때문에 어학원 친구들과 한두 잔 마시는 것을 제외하고는 여가 생활에 큰 돈이 들지 않았다. (맥주는 한 컵에 8~9불 정도 한다.) 하지만 친구들끼리 주말에 바다나 산으로 놀러 가게되면 교통비도 들고, 같이 밖에서 점심을 사먹기 때문에 주말에 근교 한 번 나가는 것만으로도 가뿐히 50불 이상은 쓰게 된다. 그렇다고 주말에 집 밖에 나가지 않고 살

53

Chapter 1
토종 한국인, 출국부터 적응하기까지

면 뉴질랜드를 제대로 즐길 수 없다. 그렇기에 한 번씩 돈을 쓰더라도 뉴질랜드를 즐기기를 추천한다.

내가 남들보다 돈을 많이 쓰는 경우는 커피를 마실 때다. 커피는 하루에 한 잔 정도 마셨는데, 4불에서 5불 하는 커피 가격은 한국의 커피 값과 큰 차이가 없어 큰 부담 없이 마시곤 했다. 뉴질랜드에는 플랫화이트(Flat white)라는 한국에는 없는 커피 메뉴가 있는데 한국의 아메리카노만큼 뉴질랜드에서 가장 흔한 커피 메뉴며, 가격도 비슷해서 편하게 마셨던, 해외 생활에서 소소하게 사치를 누렸던 부분이었다.

무엇이 쌀까? 무엇이 비쌀까?

뉴질랜드는 육류, 야채, 생선이 한국과 비교하면 싼 편이다. 특히 야채와 과일은 해당 계절이 되면 1킬로당 5천 원이라는 헐값으로 파니, 한국에서는 비싸서 못 먹었던 과일을 마음껏 먹을 수 있다. 주말에는 지역마다 야채 장을 여는 곳이 있는데, 그런 곳에서 파는 야채들은 일반 슈퍼보다 훨씬 싸고 싱싱하니 꼭 둘러보는 것이 좋다.

슈퍼의 육류 코너에서 키위들이 먹지 않는 육류 부위를 잘 찾아보면 의외로 한국보다 더 저렴하게 구매할 수 있다. 뉴질랜드에서는 삼겹살 부위(Pork belly라고 부른다)가 인기가 있는 편이 아니라서, 오돌뼈가 붙어 있는 삼겹살 500그램을 14불, 한국 돈으로 만 원이면 집에서 배불리 먹을 수 있다. 현지인들은 파는 고기에 뼈가 포함되어 있거나 스테이크류가 아니면 일단 기피하는 경향이 크다. 그래서 육류 부속류, 닭다리, 닭 날개, 돼지 껍데기 등 한국에서는 인기 있는 부위를 헐값에 취급한다. 젤라틴 함유로 인기가 좋은 돼지 껍데기와 술 안주로 그만인 닭똥집 500그램이 2천 원도 안 되고, 한국에서는 귀한 양고기를 여기서는 쉽게, 그리고 싸게 구할 수 있다. 사람 수보다 양의 수가 많은 뉴질랜드에서 누릴 수 있는 가장 큰 혜택이다.

반대로 비싼 것은 공산품이다. 뉴질랜드는 거의 모든 공산품을 수입에 의존하기 때문에 질 좋은 옷을 구매하려면 돈이 꽤 들고, 싼 옷을 구한다면 중국에서 수입한 질이 떨어지는 옷을 찾을 수밖에 없다. 동대문 시장에 가면 스타킹이 열 장 한 묶음에 만 원밖에 안 하는데, 여기서는 한 켤레 스타킹을 사는데 같은 가격에 구매해야 하니, 자주 사용하는 공산품들이 있다면 무리하지 않는 선에서 여분을 가져오는 것이 좋다.

통화료

자신이 쓰던 핸드폰을 그대로 뉴질랜드에서 쓰려면, 한국에서 쓰는 심 카드(Sim Card)를 제거 후 뉴질랜드에서 구매한 심 카드를 이용하면 핸드폰을 사용할 수 있다. 뉴질랜드 통신업체는 보다폰[8]이나 스파크[9], 투디그리[10]가 있는데, 이 세 곳 아무데서나 심 카드를 구매할 수 있다.

---

8) https://www.vodafone.co.nz/
9) https://www.spark.co.nz/
10) https://www.2degreesmobile.co.nz/

뉴질랜드에서 심 카드를 구매 후, 프리페이(Prepay)이라 하여 자신이 통화나 문자, 인터넷을 얼마나 쓰느냐에 따라 한 달치 돈을 미리 내고 사용하는 방법이 있다. 가격은 20불에서 60불까지 다양하다.

총 합계

이렇게 각 부문에 대해 추산을 하면, 본인이 한 달 동안 총 얼마나 쓰는지 감이 잡힌다.

주거비(집을 쉐어하는 플랫을 하는 경우) + 관리비	주당 200불 X 4주 + 관리비(매달 50불이라 가정) = 850불
음식 값(하루 25불로 감안)	하루 25불 + 7일 X 4주 = 700불
여가비(주에 한 번씩 극장을 가거나 맥주를 마실 때)	주당 30불 X 4주 = 120불
교통비	주당 50불 X 4주 = 200불
통화료	매달 30불
총 합계	1,900불

나는 돈을 얼마나 쓸지 계획할 때 조금 더 넉넉하게 잡아서 대비를 한다. 그래서 위와 같이 산출한 금액이 1,900불이라면, 한 주치 금액을 추가하여

2,200불을 한 달 쓰는 금액으로 잡는 것을 추천한다. 실제로 쓰는 금액은 예상하는 금액보다 훨씬 더 많이 쓸 가능성이 많고, 예상치 않았던 소비에도 당황하지 않을 수 있기 때문이다.

뉴질랜드 생활에서 중요한 것은 비자가 첫 번째, 그리고 그다음은 자금이다. 자금이 있어야 오랜 기간 동안 머무를 수 있고, 오래 버티다 보면 확률적으로 뉴질랜드에 머무를 수 있는 비자를 받을 기회는 더 높아질 수 있다. 얼마나 빨리 취업비자나 영주권을 받느냐가 문제가 아니다. 비자를 받고 얼마나 안정적으로 오래 버티는지가 중요하다.

08
일반적인 워홀러의
취업 종류들

○ ○ ○

　워킹홀리데이로 오는 20대들은 생활 자금을 적게 가지고 오는 경우가 많아 초반부터 영어 공부를 같이하는 동시에 파트타임(Part Time), 즉 아르바이트를 하려는 이들이 많다. 어떤 비자로 오던 간에 영어를 처음부터 잘하지 않거나 혹은 자신이 가지고 있는 일의 경력이 특출나지 않은 이상 한국인이 영업하는 이외의 장소에서 일을 구하기는 쉽지 않은 것이 사실이다. 어학원 내 친구들과 선생님들과 함께 대화하며 하는 영어를 다 알아듣고 '이 정도면 밖에서도 내 영어가 통하겠지?'라고 생각하겠지만, 실제 현지 사람들의 발음을 들으며 대화를 하다 보면 자신감은 급락할 수밖에 없다. 어학원 선생님과 외국인을 잘 만나지 못해 본 현지 사람들의 대화 수준과 이해력은 확실히 다르기 때문이다.

그것까지도 극복하고 키위가 운영하는 곳에서 일을 구할 수 있다면 다행이겠지만 현실의 벽은 생각보다 훨씬 높다. 워킹홀리데이로 온 사람들은 한국인만이 아닌 영어권에서 온 미국, 아일랜드, 그리고 세 가지 이상의 언어를 곧잘 하는 유럽권 출신도 많기 때문이다. 고용주의 입장에서 카페 알바를 구하는데 발음은 좀 다르지만 영어권인 사람을 구하느냐, 아니면 발음도 틀리고 영어도 잘 못하는 한국 사람을 구하느냐라고 생각하면 답은 쉽게 나온다.

뉴질랜드에 도착한 토종 한국인이 워홀러로서 돈을 벌 수 있는 취업의 직종을 나열하자면 다음과 같다.

서비스 업종

오클랜드 지역에는 많은 한인들이 살고 있어 한인이 운영하는 서비스 업종을 쉽게 찾을 수 있다. 시티잡이라고도 하며 한인 슈퍼, 한식 레스토랑, 카페, 스시, 달러숍 등 한국인이 운영하는 곳은 영어에 자신감이 부족한 사람들에게 도전하기 쉬운 일자리 종류다. 특히 일본의 스시가 건강식으로 알려져 있어 한국인이 사업 이민으로 올 때 쉽게 선택할 수 있는 옵션이다. 그래서 꽤 많은 사람들이 스시집을 운영하는 것을 볼 수 있다. 뉴질랜드 전역에 작은 동네라도 스시집은 하나씩 꼭 있으니 오클랜드 지역이 아니더라도 다른 소도시에서 스시 가게를 통해 일을 구할 수 있다. 언어 장벽이 없다는 이점이 있지만, 간혹 최저 시급이나 고용 조건 등이 일반 현지 가게보다는 불리하게 적용될 수 있다는 가능성을 염두에 두어야 한다.

영어 회화가 받쳐준다는 가정 아래 키위 현지인이 운영하는 가게에 지원할 수도 있지만, 언어에 대한 불편함을 아는 비영어권 출신이 운영하는 가게에도 도전하여 일을 구해볼 수 있다.

영어가 잘 되지 않더라도 현지인이 운영하는 서비스에서 꼭 일하고 싶다면, 키친핸드나 고객을 상대하지 않는 일을 먼저 지원해서 영어를 익히고, 일을 잘해서 실력을 인정받은 후 원하는 일을 할 수 있도록 유도하는 방법이 있다. 이 경우엔 처음에는 일이 고될 수 있으나 법적 최저시급이나 휴일 등을 지킬 수 있다.

농장 및 공장

농장 일은 자차를 가지고 여기저기 돌아다니는 것에 두려움이 없는 사람이라면 도전해볼 만한 체험이다. 한국에서 경험하기 힘든, 땀 흘리며 수확하는 농장 체험과 그에 상응하는 임금이 따라온다. 하지만 몸이 고되니 '외국인 노동자가 이런 거구나' 하고 몸소 느낄 수 있다. 게다가 농장 시즌에 영향을 받기 때문에 시즌이 끝나면 또 다른 농장을 찾아야 하는 떠돌이 신세가 될 수 있다.

우프(Wwoof)[11]

한 가정의 아이를 돌보거나, 노동의 대가로 식사 및 잠자리를 제공 받는 등 경험에 중점을 둔 일이다. 현지인들과 생활하며 실제 그 나라의 삶에 깊숙이 체험한다는 사실은 무척 매력적이다. 하지만 경험 중심이기 때문에 돈을 벌 수 있는 수단은 아니다.

한국인이 운영하는 회사, 한국계 기업

한국계 기업은 뉴질랜드 현지를 잘 아는 사람을 더 선호하기 때문에 워킹 홀리데이로 한국계 기업에 도전하기는 쉽지 않으며, 한국인이 운영하는 일반 회사들도 일을 하는데 비자가 문제가 되지 않는 사람을 우선시한다. 그러나 한국에서 일했던 경력이 있는 실력 있는 사람이 지원하면, 그 실력에 따라 채용 하는 경우도 있다. 이때는 대학을 졸업하지 않은 학생보다 경력 있는 사람이 일을 구하는 게 훨씬 유리하다. 고용 후, 간혹 워크 비자나 영주권을 지원해준다는 명목 아래 월급 및 초과 근무 등에서 고용인을 잘 대우해주지 않는 경우도 있으니 사전에 주의하는 것이 좋다.

현지인이 운영하는 회사

뉴질랜드에서 구하기 힘든 경력 및 기술을 한국인이 가지고 있다면 반드

---

11) https://wwoof.nz/

시 그 인재가 필요한 회사의 일을 구할 수 있다. 회사가 그 인재를 필요로 하기 때문에 비자나 복지 등 적극적인 지원을 받을 수 있으며 일반 한국 회사보다 훨씬 나은 대우를 받을 수 있다.

이런 회사에 취직하게 된다면 워크 비자나 그 이상의 비자도 노려볼 만하다. 하지만 영어 회화는 기본적으로 어느 정도 사용 가능해야 하며, 이런 회사를 찾기 위해서는 많은 조사가 필요하고 운도 따라주어야 한다. 현지인들을 제치고 고용될 만한 매력적인 자신만의 기술력이 뒷받침되어야 가능한데, 일했던 경력이 해외에서도 증명된 수준일수록 유리하다.

단순히 여행비 명목으로 단기 일을 찾는다면 한인 숍이나 농장 일은 쉽고 빨리 돈을 벌 수 있는 길이다. 파트타임 일자리를 어떻게 찾아야 할지 온라인 외에는 방법을 모른다면, 자신의 거주 지역에 구인 광고가 붙어 있는지 걸어서 돌아다녀 보기도 하고, 레스토랑이나 숍에 직접 들어가서 자신이 준비한 이력서를 건네는 것도 좋다. 뉴질랜드는 의외로 이런 오래된 방식이 먹히는 경우도 있다.

물론 A4용지 이력서 달랑 한 장 던져주고 오면 별로 감동을 받지 않으니 몇 번 봐두었다가, "이곳 매니저와 잠깐 얘기를 나누고 싶습니다. 시간 가능하신가요?"라고 가는 곳마다 고용할 수 있을 만한 자격을 가진 매니저를 만나 이력서를 주고 자기가 했던 이력들을 자신 있게 얘기하며 몇 군데는 돌아야 하는 수고도 감당해야 한다. 가만히 집에 앉아서 온라인으로 찾는 방법보다 훨씬 효과적인 방법이다. 구직에 대한 웹사이트는 다음 장에 자세히 적었으니 확인하길 바란다.

장기적인 목적으로 뉴질랜드에 있을 생각이라면 한국에서 일한 경력을 토대로 일을 구하는 것이 가장 성공적인 방법이며, 다시 처음부터 정규 코스의 학위를 받아서 학위를 취득 후 취업하는 것도 방법이 될 수 있다. 일을 찾는 이 부분에 대해서는 [2장 07. 한국에서 미리 알았더라면 좋았을 해외 취업 준비]에서 더 자세히 이야기 하겠다.

09
밋업,
인생의 인맥을 만나다

○ ○ ○

직업을 구할 때 아는 사람의 추천을 통해 들어가면 신뢰도가 높고 채용 진행이 빠르듯, 같은 업종의 사람들을 만나서 조언을 구해보면 어떨까 하는 생각이 떠올랐다. 하지만 영어도 못하는 워홀러가 실제 현업에서 일하는 사람들을 만나기란 쉽지 않은 일. 그래서 편안하게 모여 정보를 공유하는 소규모 그룹, 동호회가 없을까 하고 찾다가 발견한 것이 밋업[12]이라는 웹사이트였다.

밋업은 다음이나 네이버 카페처럼 취미 및 다양한 주제를 가지고 누구나 그룹을 개설하고 가입할 수 있는 동호회 웹 사이트다. 나는 한국에서 일했

---

12) https://www.meetup.com

을 때 쌓았던 기술과 비슷한 취미를 가진 동호회를 몇 개 찾아서 가입을 했다. 그리고 그중 가장 빠른 시일내에 오프라인 모임이 있는 동호회가 있기에 참석하겠다는 의사표시로 참석 버튼을 누르고 해외에서의 첫 동호회 모임을 기다렸다.

처음 모임에 참석한 날, 어느정도 예상은 했지만 이 정도 줄이야… 마치 집 번지 수를 잘못 찾은 것 마냥 내가 이질적인 존재가 될 줄은 꿈에도 몰랐다. 그 자리에 여성은, 그리고 동양인은 나 혼자뿐이었다. 대부분 백인 남성들로 티셔츠에 청바지를 입은 전형적인 컴퓨터 프로그래머로 가득 차 있었다. 어디서부터 누구에게 말을 걸어야 할지, 심지어 이 공간에 내가 참석해도 되는 건지 의심이 들 정도로 내 자신의 존재가 어색했다. 이 모임에 처음 온 사람이 있냐고 모임 진행자가 질문을 하길래 눈에 띌 수밖에 없는 나는 손을 들 수 밖에 없었고, 어눌한 영어솜씨로 내 이름과 한국에서는 무슨 일을 했었는지 간단히 소개했다.

두세 개의 발표가 진행되는 사이 다과 시간이 중간중간 있었는데, 실제 현업에서 일하는 사람들과 편하게 일대일 대화를 나눌 수 있는 절호의 찬스와 같은 시간이었다. 나는 그 많은 개발자 중에 한 명, K를 만날 수 있었는데, 그는 내가 자기소개 시간에 말했던 한국에서 했던 일을 궁금해했다. 나는 UI 디자인을 했고, 특히 윈도우즈 폰(지금은 망한 핸드폰이 되었지만) 앱 디자인을 할 수 있다고 어필했다. 나중에 인터뷰를 통해 안 거지만 그는 윈도우즈 폰 앱을 만드는 회사의 CEO였다. 그 당시 윈도우즈 폰을 개발하는 사람은 흔하지 않았고 (윈도우즈 폰 자체를 사람들이 많이 쓰지 않았다.) 특히 디자인을 할 수 있는 사람은 뉴질랜드에 거의 없었다. 그는 생각보다 내 영어가 나쁘지 않았는지, 나와 인터뷰를 따로 하자고 제안했다. 뉴질랜드에 도착한 지 두 달 정도 지났을 때의 일이다.

그가 초대한 회사는 아주 스타일리쉬한, 해외 스타트업 회사를 상상하면 떠올릴 수 있는 그런 분위기의 회사였다.

"우리 회사에도 홍콩에서 온 아시안이 있어."

K는 회사를 보여주며 손으로 가리킨 곳에는 말끔하게 옷을 입은 30대 중반쯤으로 보이는 동양 여성이 있었다. 이는 동양인인 나에게도 일자리가 열려 있다는 그의 긍정적인 신호였다. 그렇게 미팅룸으로 들어간 이후의 5분이 내가 처음으로 마주한 해외에서의 인터뷰였다.

결과만 말하자면, 나는 그 인터뷰를 보기 좋게 말아먹었다. (말아먹었다는 표현이 적절하다.) 왜냐하면 나는 좋은 스킬을 가지고 있었음에도 불구하고 인터뷰 내내 영어에 대한 걱정과 우려를 나타냈기 때문이다. 영어를 잘 못해도 잘할 수 있다라고 자신감을 보여도 모자랄 판에 나는 '내 영어가 많이 모자라다'를 내세웠다. 그가 오히려 일을 하다 보면 영어가 늘 것이라며 나를 설득할 정도였다. 인터뷰가 끝나고 그가 나를 마중 나오며 닫아버린 회사의 문 틈 사이로 실망한 기색이 역력한 그의 얼굴이 보였다. 그 장면이 뇌리에 박혀 아직까지도 기억이 날 정도다. 회사 밖으로 나와 저무는 해를 보며 내가 왜 그랬을까 후회했지만, 뉴질랜드에 온 지 두 달 만에 인터뷰한 것이 어디냐며, 억지로 위로를 했다. 그렇게 황금 같은 해외에서의 첫 번째 인터뷰를 깔끔하게 날려 보냈다.

심기일전 후 다시 똑같은 동호회 모임 일정을 확인했다. 2주 뒤, 이번에는 10분 스피치라고 하여 누구나 자유롭게 10분간의 발표할 기회를 하는 자리가 마련되었다. 나는 이렇게 수동적인 자세를 취해서는 안 되겠다고 독하게 마음을 먹고, 겁도 없이 나서서 발표를 하고 싶다고 그 모임 주최자에게 이메일을 보냈다. 뭐라도 보여주지 않으면 안 되겠다는 생각이 들었다. 내 영어 실력이 안 되는 걸 알고 있었지만, 그래도 10분이면 짧은 시간이니 해볼 만하다고 생각했다.

'영어를 못 하면 내가 뭘 할 수 있는지 디자인으로 내 실력을 보여주자.'

뭘 어떻게 보여줄까 고민하다가, 오클랜드 시내를 조금이라도 둘러보면 누구나 알 수 있는 버스 맵과 특정 정류장에 내리면 갈 수 있는 근처 박물관 및 명소를 보여주는 앱을 만드는 것으로 결정했다. 2주 동안 앱 디자인을 준비하고, 그것을 어떻게 설명할 것인지 영어로 2장짜리 대본을 짰다. 그리고 어학원에서도 시간이 날 때마다 틈틈히 보며 읽는 연습을 해 나갔다.

발표 당일 날이 되었다. 20~30명 정도 모인, 이번에도 어김없이 여성은 찾아 볼 수 없는 남성 키위 프로그래머들로 구성된 자리였다. 나는 운이 없게도 첫 번째 발표자로 소개되었다. 한국에서는 백 명이 넘는 관중 앞에서 발표도 한 적 있고, 한두 번 짧게 대학생들에게 강의도 해본 경험이 있어서 발표하는 데 떨지 않을 것이라 다짐하며 앞으로 나섰다.

하지만 입을 떼고 영어로 몇 문장 말하는 그 순간, 얼굴이 벌겋게 달아오르는 것이 느껴졌다. 발표를 하는 공간의 침묵과 함께, 영어로 말하는 내 목소리가 귀에 들렸다. 목소리가 떨리고 있었다. 연습했던 대본도 제대로 눈에 보이지 않았다. 할 수 있는 거라곤 그나마 당차게 준비했던 프리젠테이션을 슬라이드로 보여주는 것뿐, 10분도 채우지 못하고 2주동안 준비했던 발표가 순식간에 끝나버렸다. 자리로 돌아가는 내 등 뒤로 진행자는 말을 덧붙였다.

"한국어로 말했으면 훨씬 나은 프레젠테이션이었을 겁니다."

발표가 끝나고 쉬는 시간, 의기소침해 있는 나에게 몇몇이 다가와 격려 및 피드백을 해주었다. '디자인을 잘했지만 몇 군데에서 영어 문법이 틀렸다', '2주 만에 이렇게 디자인한 건 대단하다' 등의 말이 오갔지만, 프레젠테이션을 망쳤다는 생각에 귀에 잘 들어오지 않았다. 그때 어느 한 사람이 다가왔다.

"혹시 파트타임이 있는데 할 생각 있어? 영어라면 걱정하지마. 한국 사람이 있거든." 하며 명함을 건네고 사라졌다.

경력을 살려서 아르바이트를 하고 싶어 자원한 자기 PR발표가 이렇게 끝이 났다. 현지에서 일하는 사람들과 이야기도 하고 명함도 받았으니 내가 할 수 있는 만큼 했다고 생각할 수도 있었다. 하지만 어깨에 큰 노트북 가방을 메고 집으로 돌아가는 길, 나의 얼굴은 금방이라도 울 것처럼 일그러져 있었다. 마치 어릴 적 학우들 앞에서 장기자랑으로 췄던 춤이 놀림거리가 된 것처럼 말이다. 공들여 준비했던 것을 제대로 보여주지 못하고 끝나버린 탓에 허무하고 창피하다는 생각이 머릿속에 계속 맴돌았다.

집에 도착했을 때 다행히 플랫메이트들은 어디로 놀러 갔는지 아무도 없었고, 나는 곧장 침대에 누워 딱딱한 베개에 얼굴을 묻었다. 이날만큼은 처음으로 집에, 진짜 한국 집에 가고 싶었다. 뉴질랜드로 온 지 세 달이 되어가고 있었다.

나는 초짜
외국인 노동자

New Zealand

01
운도 과연 실력일까?
운 좋게 취직한 현지 회사

○ ○ ○

　앞 장에서 이야기했던 10분간의 프리젠테이션 발표, 그 순간은 처참했지만 결과적으로 나는 명함을 한 장 받을 수 있었다. 프레젠테이션 때문에 자괴감에 빠졌던 마음을 추스르고 난 후, 이튿날 명함에 쓰여진 이름, 폴(Paul)에게 이메일로 연락을 했다. 한두 번의 이메일이 오간 뒤 며칠 후 나는 그의 도움으로 해외에서의 첫 파트타임을 구할 수 있게 되었다. 개발팀이 5명, 세일즈가 4명, 워크숍에서 일하는 분 1명, 회계를 보시는 사장님의 와이프 등 15명이 채 되지 않는 가족 같은 규모의 회사가 오클랜드 시내에서 버스로 40분 거리에 위치해 있었다. 폴은 그 회사 개발팀을 격일로 도와주는 프로젝트 매니저 역할을 하고 있었고, 디자이너가 마침 필요하던 와중에 나의 프리젠테이션을 보았다고 했다.

폴은 사장에게 적극적으로 나를 추천하였다. 사장은 폴을 굉장히 신뢰하는 사이라 인터뷰 프로세스도 거치지 않고 바로 본격적으로 고용에 대한 대화를 나누었다. 하지만 아무리 신뢰하는 사이라도 영어를 잘 못하고 출처를 알지 못하는 동양 사람을 고용하는 것은 고용자 입장에서는 큰 리스크를 감수해야 하는 일이다. 그런 이유로 사장은 파트타임으로 2주 동안 먼저 일해보는 것이 어떠냐고 물었다. 다른 말로 내가 무슨 실력을 가지고 있는지 시험해보겠다는 뜻이었다. 그리고 그 기간 동안 시간당 20불로 페이하겠다고 제안했다. 나는 현지 회사에서 일을 한다는 것 자체에 의의를 두고 있었기 때문에, 금액은 별로 중요하게 보지 않았다. 나에게 첫 번째로 주어진 일은 회사 온라인 제품 UI 디자인을 하는 것. 그렇게 뉴질랜드에 온 지 세 달이 안되어 현지 키위 회사에서 일을 하기 시작했다.

그 회사에는 나 말고도 이미 일을 하고 있는 한국인이 한 명 더 있었다. 대학교를 뉴질랜드에서 졸업한, 침착하면서도 상냥한 내 나이와 비슷한 한국인 남성 개발자였다. 그 분이 있었기 때문에 폴은 안심하고 나를 추천할 수 있었는데, 여차하면 그 개발자에게 통역이라도 시킬 심산이었다고 한다. (통역이 필요한 적은 딱 한 번밖에 없었다.)

둘 다 키위 회사에 다녀서 그런지 회사 내에서는 물론, 외부에서 단 둘이 있을 때도 한국어로 대화한 적은 거의 없었다. 처음에는 한국말로 물어봐도 영어로 대답하길래 '나와 한국말로 대화하는 것이 싫은가?' '영어 잘하는 거

티 내는 건가?'라고 생각했다. 하지만 오히려 그렇게 대해주었기 때문에 나의 영어 듣기나 말하기가 크게 늘 수 있었다. 그 개발자 외에도 다른 현지 키위 개발자들도 있었는데, 그 동료들도 조용하지만 내가 서툰 영어로 물어보면 상세히 대답을 잘 해주는 친절한 사람들이었다.

2주간 주어진 테스트 기간을 기회라 생각하고 주어진 일에 집중했다. '여기 사람들은 점심을 어떻게 해결하나?'는 궁금증이 생길 무렵, 때마침 점심시간이 되었다. 직원들은 하나둘 각자 자신이 싸 가지고 온 샌드위치를 자기 자리에서 먹거나, 아니면 밖에 혼자 나갔다가 먹을 걸 사 가지고 온 후 다시 자기 자리로 돌아와서 먹었다. 오후 12시에서 1시 사이만 되면 썰물처럼 건물에서 사람들이 우르르 빠져나가 밥을 함께 먹고 커피를 사서 다시 회사로 돌아온 것이 일상이었던, 하루 중 가장 즐거운 한국의 점심시간이 이곳에는 따로 없었다. 점심시간은 자신이 배고파서 점심을 먹는 시간이 점심시간이었고, 혼자서 먹기 때문에 30분이면 충분했다. 직원들은 샌드위치를 집에서 싸 와서 먹거나, 티 룸(Tea room)이라 하여 부엌 같은 공간이 회사 내에 있어 토스터기나 전자레인지 등을 사용해 음식을 데우거나 간단히 만들어 먹었다. 외식은 비싸고 각자 먹는 취향이 달라 한국처럼 다 같이 나가서 먹는 일은 없었다.

하지만 일주일에 단 하루, 매주 수요일은 달랐다. 수요일은 회사 직원이 모두 모여 인도 레스토랑에 가는 회사의 공식 '회식 데이'였다. 한국처럼 다 함께 회사 차를 타고 나가 인도 레스토랑에 도착하면, 레스토랑 주인은 자연스럽게 여러 테이블을 한꺼번에 붙여놓고 기다릴 정도로 우리는 수요일 점심 단골 단체 그룹이었다. 좀체 말이 없는 개발자들, 영어는 제대로 못하는 내가 끼어 있는 점심 외식은 대화가 많이 오가지는 않았지만 그래도 '이 회사에 소속되어 있다'는 느낌을 주는 유일한 시간이었다. 이런 점심 외식은 규모가 작은 회사였기 때문에 가능한 일이었다.

작은 회사에 한국인이 두 명이나 있어서 생기는 일이 하나 있었다. 회사에서 10분 정도 걸으면 코리아 타운이라 하여 여러 한국 상점이 모여 있는 곳이 있다. 그곳에서 한국 음식을 쉽게 구할 수 있었는데 한 번은 점심시간을 활용, 회사 앞에서 사람들과 삼겹살 파티를 할 수 있었다. 뉴질랜드 인구 3분의 1이 사는 제일 큰 도시 오클랜드(Auckland)는 다른 도시에 비하면 많은 비율의 한국인이 살고 있고, 덕분에 한국 식료품을 쉽게 찾을 수 있는데, 통계청에서 낸 2013년 한국인 인구 통계 자료에 의하면, 뉴질랜드에 살고 있는 총 한국인 수 3만 명 중 2만 명이 넘는 72.8%의 한국인이 오클랜드에 살고 있다고 한다.[1] 그렇기 때문에 오클랜드에 사는 키위들은 한국 음식과 한국인에 크게 거부감을 가지지 않는 듯했다. 삼겹살 파티를 제안한 것도 나도, 상

---

1) http://archive.stats.govt.nz/Census/2013-census/profile-and-summary-reports/ethnic-profiles.aspx?request_value=24754&tabname=Age,sex,andethnicities

냥한 한국인 개발자도 아닌, 세일즈로 일하고 있던 현지 키위 남성이었다.

첫 임무로 주어진 디자인을 일주일 동안 작업하고 사장에게 보여주는 평가의 시간이 다가왔다. (두구두구두구! 드럼이 머릿속에서 울리고 있었다.) 사장은 나를 바라보며 '나쁘지 않군'이란 눈빛으로 고개를 끄덕였다. 나를 신뢰해도 되겠다는 무언의 싸인을 받은 것이다. 같은 회사에서 3개월밖에 일을 못 하는 워킹홀리데이 비자 특성상, 내가 가진 비자를 워크 비자로 전환할 수 있도록 회사는 나를 지원해주기로 결정했다(2018년 기준 뉴질랜드 워킹홀리데이 비자는 한 업소에서 최대 1년 동안 일을 할 수 있도록 개정되었다). 회사는 이미 한두 번 외국인을 고용한 경험이 있었고, 외국인 고용 절차에 대해 이미 잘 알고 있어서 워크 비자 신청에도 크게 헤매지 않을 수 있었다. 워크 비자 신청 시에도 어떤 것을 준비해야 한다는 것들을 오히려 나에게 조언을 해줄 정도로 적극적이었다.

"난 정말 운이 좋은 것 같아요. 영어도 못하는데 이렇게 일을 구했으니 말이에요."

점심시간이 지난 어느 오후, 폴과 다른 회사 직원 그리고 나까지 셋이서 수다를 떨고 있을 때였다. 내가 프리젠테이션 하는 것을 폴이 보지 않았더라면, 한국인 개발자가 그 회사에 없었더라면, 외국인 고용을 한 번도 해보지 않은 회사라면, 사장이 개방적인 마인드가 아니었다면 나는 과연 고용이 될 수 있었을까? 모든 것이 다 운인 것 같다고 말할 때였다.

"네가 영어를 못해도 용기를 내고 앞에 나가서 발표를 했기 때문에 그런 거야. 영어를 아무리 잘해도 발표 안 하는 사람들이 얼마나 많은데 넌 한 거잖아. 단지 운만 좋은 게 아니야."라고 회사 직원이 격려해주었다. 영어 실력이 문제가 아니라 죽을 쑤더라도 일단 하는 것이 중요하다고 용기를 북돋아주었다.

말이 잘 통하지 않는 나라에서 일을 구하기란 정말 쉽지 않다. 영어 때문에 취업에 고배를 마시고 포기하거나, 자신감이 없으면 아예 생각을 접고 한국인이 운영하는 가게의 문을 두드리는 것을 스스로 결정해버릴 수 있다. 하지만 시도해보지 않으면 모를 일이다. 운 좋게 한국인 직원이 있어서 채용이 될 수도 있고, 아니면 한국인 고객이 많아서 한국어를 하는 사람을 고용할 수도 있고, 본인이 원했던 일이 아니더라도 또 다른 일을 제안할지, 그 누가 알겠는가? 처음엔 잡일을 하다가도 실력을 인정받으면 자신이 원했던 일을 주는 일이 생길 수 있지 않을까? 한 발짝 자신의 발이 닿는 길, 어떤 길이 나를 인도해 줄지 그 누구도 모르는 일이다. 우리가 먼저 그 문을 열려고 시도하기 전에는 말이다.

02
이민의 목적,
나는 왜 뉴질랜드에 있을까?

○ ○ ○ ○

회사에 적응하고 시간이 점점 흐르자 이곳, 뉴질랜드에서의 생활이 편해지기 시작했다. 워킹홀리데이 비자 기간이 끝나면 한국으로 돌아갈 생각을 하고 있었지만, 워크 비자로 변경을 하면서 연장이 되는 바람에 뉴질랜드의 생활은 생각보다 길어지고 있었다.

"너처럼 취업하고 비자 받은 경우 별로 없어. 이런 좋은 기회에 영주권이라도 따놔 봐."

뉴질랜드에서 영주권을 받으면 나중에 한국에서도 결혼하고 이민 올 기회가 있지 않겠냐는 조언들이 들렸다. 처음부터 이민을 목적으로 뉴질랜드로 온 것이 아니었기 때문에 별 생각을 하지 않았지만 일은 쉽고, 야근도 하나 없는 자율적인 회사 문화와 스트레스 없는 편안한 일상이 좋았다.

'내가 이 나라에서 좀 더 오래 있으면 어떻게 될까?' 단기 해외 생활이 아닌, 장기적인 생활을 머릿속에 그려봤다. 그런 생각을 하다 보니 많은 것들이 걸리기 시작했다. 한국에서 쌓아온 인간관계, 커리어, 자잘하게는 은행 거래와 들어놓은 보험들까지 한국에 연결해 놓은 것들이 생각보다 많았다. 인간은 사회적 동물이라고 하지 않던가? 평생 한국에서 살아온 만큼 쳐 놓은 거미줄이 촘촘하게 연결되어 있었다. 장기적인 해외에서의 삶은 어찌 보면 그런 거미줄들을 하나씩 끊는다는 의미였고, 그 사회와 점점 멀어져 단절이 되는 절차인 것이다.

이민을 오는 이유는 저마다 다르다. 자녀의 교육과 미래를 좀 더 나은 방향으로 이끌기 위해서, 한국의 정치가 싫어서, 사회의 부조리 때문에, 대부분의 일생을 회사에 바쳐야만 하는 사회 시스템을 피해서 오는 등 여러 이유가 있다. 헬조선이라는 단어가 폭발적으로 사용하게 된 것도 우연이 아니다. 취업 준비생은 안정적인 직업을 위해 대기업 또는 공무원 시험을 통한 바늘구멍 뚫기식 취직에 겨를이 없고, 취업을 한 이들은 혼자 살기에도 빠듯한 수입에 최대한 결혼을 늦게 하려고 하거나 포기하는 현상이 생긴다.

그럼에도 어렵사리 결혼을 한 사람들은 천정부지로 오른 집값 때문에 직장에서 멀리 떨어진 곳에 보금자리를 틀고 살지만…. 왕복 3시간이 훨씬 넘는 출퇴근 시간, 사람들로 꽉 찬 지하철에 끼여 타고 가다 보면 한숨이 절로

나온다. '내가 대체 왜 이러고 사는 걸까?'

잡코리아와 알바몬 조사에 따르면, 기회가 된다면 이민을 갈 생각이 있는가에 대해 70%가 넘는 사람들이 '있다'고 의견을 밝혔다고 한다. 그 이유로 자녀 교육, 선진국 복지제도, 부패한 정치 등이 있지만 '여유로운 삶'이 가장 큰 이유로 꼽혔다. 그렇게 여유로운 삶을 위해 한국으로부터 도망치듯 나왔고 이민 오면 모든 것이 다 좋을 것만 같지만, 아이러니 하게도 국내에 있을 때는 한번도 겪지 못했던 또 다른 문제점들이 기다리고 있다는 것을 이민 오고 나서야 실감하는 사람들이 많다.

뉴질랜드에서 나는 뭘 하든 '비주류'라는 사실을 철저하게 피부로 느낀다. 한국에서 자신이 얼마나 대단했고 좋은 대학에 나온 사람인지 이곳에서는 전혀 통하지 않는다. '유명 대학 졸업' 혹은 '대기업 출신' 등, 말은 하지 않아도 한국 사회에서는 취업이나 인맥에서 어떻게든 통했던 타이틀을 가진 사람은 알게 모르게 자신을 자랑스러워했었다. 하지만, 이민을 오고 나면 한 번도 느껴보지 못했던 비주류의 삶을 경험하면 사뭇 그 사회가 다르게 느껴진다. 모국에서 어떤 굉장한 일을 했던 간에 현지 사람들에게 우리는 그저 '아시안'으로 취급되기 때문이다. 현지인에게는 몇 분도 안 걸리는 음식이 왜 하필 '아시안'인 내가 주문하면 왜 더 오래 걸리는 걸까? 이런 일이 생길 때마다 '내가 현지인이 아니라 그런가?'라며 사소한 것에도 의기소침해진다. 부정적으로 보기 시작하면 그저 별것 아닌 일들도 차별이라고 생각하고, 밑도 끝도 없이 모든 일들이 불공평하게 진행되는 건 아닌가 하고 의심하게 된다. 터키나 인도, 중국 등 자국에서 우수한 인재로 불리던 사람들도 '이민자' 출신으로 인해 받게 되는 대우는 한국인과 별반 다르지 않다.

이러한 이유로 가끔씩 해외에서 이민자로 오랫동안 생활하다가 다시 돌아가는 1세대 '역이민'이 생기고는 한다. 영어를 잘 못하는 1세대는 이러나 저러나 비주류로 남아 살 바에 차라리 같은 말, 같은 문화와 비슷한 얼굴을 가진 사람들과 함께 부대끼며 사는 것이 낫다며 나이가 들어 돌아가기도 한다. '같은 언어를 말하고 소통하는 것' 자체 만으로 얼마나 위안이 되는지 해외에 나가 살아보지 않으면 알기 힘든 부분이다.

뉴질랜드에 부모님과 같이 온 1.5세대의 역이민도 있다. 부모님의 결정으로 인해 이민을 갔던 어린아이들이 커서도 뉴질랜드 사회에 소속되어 있지 않는다는 생각에 한국으로 가는 경우도 있다. 물론 자신의 나라가 궁금해서 가는 젊은 친구들도 많다. 하지만 한국 내 치열한 경쟁구도의 사회생활을 하다 보면 익숙해진 뉴질랜드 생활 패턴과 시각차 때문에 한국에서의 사회생활도 힘겨워 해 이도저도 못하는 사람도 볼 수 있었다.

가족과 연결된 문제도 만만치 않다. 부모님은 날이 갈수록 노쇠해가고 부양에 대한 책임이 있는데 멀리 떨어져 사는 이민 생활에 자신을 불효자라 생각하고 무거운 죄책감을 느끼는 경우도 많다. 특히 많은 이민자들이 후회한다고 이야기하는 것이 자신의 부모님 임종을 지키지 못했다는 것이나. 나도 가끔씩 엄마가 문자로 컴퓨터가 말썽이라며 도움을 요청할 때가 있다. "젊은 네가 있었으면 이런 거 간단하게 해결될 텐데…."라며 아쉬운 소리를 가끔씩 하시면, 내가 너무 멀리 떨어져 있어서 자주 가보지 못하는 것에 미안한 마음이 들곤 한다.

어떤 이는 이민 하나만의 목적으로 자신이 했던 일을 관두고 생각지 못한 새로운 직종을 위한 공부를 다시 시작하거나 일을 하는 경우도 있다. '유학 후 이민'이라는 절차를 밟은 사람들이 공부를 새로 시작해서 일을 찾아서 이민을 하는 경우가 이런 경우인데, 대체로 비자나 영주권 따기 쉬운 직업을 선택한다. 일이 적성에 맞는다면 그다지 문제가 되지 않겠지만, 생계나 비자 때문에 원하지 않는 일을 하게 되면 1년도 채 되지 않아 느낄 수 있다. 일에서 오는 즐거움이 인생의 매우 중요한 부분 중 하나라는 것을 말이다.

나는 왜 뉴질랜드에 있고 싶어할까? 이러한 이유들 때문에 다시 묻지 않을 수 없었다. 가족이 한국에 있고, 좋은 사람과 교제를 하고 있었고, 한국이 싫어서 도망친 경우도 아니었다. 그럼에도 버튼 하나만 누르면 살 수 있는 한국으로 돌아가는 티켓을 망설이고 망설이다 결국 사지 못했다. 왜 나는 그 버튼을 누르지 않았을까? 뉴질랜드에서의 삶은 지루하고 우리나라가 아니기에 말도 잘 통하지 않고 물가도 한국보다 비싼데 말이다. 마치 자신이 알고 있었던 세계가 전부가 아니라는 것을 깨달은 매트릭스의 레오처럼, 한국에서의 삶보다 나에게 맞는 더 나은 삶이 있다는 것을 깨달아버린 것 같았다.

그 삶을 잡을 수 있는 기회가 코앞까지 온 것 같은데, 그걸 포기하고 돌아가게 된다면 나는 과연 행복할 수 있을까 하는 의문이 들었다. 차라리 해외 생활을 아예 모른 채로 한국 사회 안에서만 지내 왔다면 나는 한국에서도 적응하며 그럭저럭 잘 살았을지도 모르는 일이었다. 하지만 알고 난 이상, 이렇게 되돌아가기에는 뉴질랜드의 삶을 그리워할 것 같았다.

한국으로 돌아가게 되면 임신 및 출산 후 얼마 안 가 현실적으로 내 경력을 연장하기 힘들 것이라는 사실이 나를 괴롭게 만들었다. 예전과 비하면 많이 나아지고 있지만 아직까지도 여성들이 차별 대우를 받는 것은 너무 흔한 일이기 때문이다. 아이를 가지고 나서도 생활 형편이 빡빡한 상황이라면 돈을 벌어야 한다. 하지만 아이가 있는 주부는 잘 받아주지 않고, 아이를 돌보느라 경력이 1년이라도 끊기면 자기가 한때 잘 나갔던 커리어우먼이라고 해도 일을 구하기가 수월하지 않은 것이 현실이다. 일을 구했다고 치자. 어린이집에서 아이를 픽업하기 위해 정시에 퇴근하려고만 해도, 다른 직원들에게 '아이 때문에 일을 못 한다'는 눈총을 감수하고서라도 빠져 나와야 할 용기가 필요하다. 그렇게 빠져 나와 어린이집으로 바삐 가면 어린이집에 혼자 남아 엄마를 기다리는 아이의 모습에 내 자신이 '나쁜 엄마' 같아 마음이 찢어진다. 자신이 번 돈의 대부분 어린이집에 쓰니 이럴 바에 차라리 자신이 키우는 게 낫지 않을까? 그렇게 대학에서 공부하고 열심히 쌓았던 경력이 한순간에 무너지는 소리가 들린다.

내가 쌓아온 경력은 출산 후에도 지켜질 수는 있을까? 아니, 그것보다 뉴질랜드에서 일했다가 한국에서 일한다면 과연 내가 적응이나 할 수 있을까? 한국에서 능력 있고 성공한 여성들은 일도 하고, 아이도 키우며 잘 살고 있는 것 같던데, 나는 그렇게 대단한 사람이 될 수 없을 것 같았다. 결과는 불보듯 뻔했다.

"결혼하고 애 낳고 나서도 자기 일은 계속해야 해."

엄마는 새벽 동대문 옷 장사를 위해 밤을 꼴딱 새우고 집에 돌아와 딸을 위해 아침상을 차리면서 키웠고, 해준 것이 없어 미안한 마음에 딸에게 이래라저래라 간섭을 하지 않은 분이셨다. 그럼에도 불구하고 엄마는 딱 한 가지를 강조했다. 자신의 일을 꼭 할 것. 혼자 딸을 키우는 엄마의 뼈저린 경험에서 나온 충고는 나를 독립적인 성향으로 만드는 데 큰 영향을 주었다. 일을 한다는 것은 누구에게도 기대지 않고 스스로 독립성을 가진다는 의미였고, 그렇기 때문에 일을 한다는 것은 나에게 삶의 중요한 요소 중 하나였다. 평범한 내가 아이를 낳고, 오십 육십이 넘는 나이에도 일을 계속하는 건 한국에서는 이루기 힘들어 보였지만, 뉴질랜드에서는 왠지 가능할 것 같았다.

그래서 나는 뉴질랜드에 좀 더 있어 보기로 했다. 나와 같이 미래를 약속하며 기다렸던 남자친구를 보내기로 결정한 것이다. 언제나 선택권이 없이 주어진 상황에만 대처했던 내가 처음으로 선택해야 했던, 살면서 가장 힘든 결정 중의 하나였다. 그는 언제나 좋은 분위기로 사람들의 마음을 따뜻하게 만드는 아름다운 사람이었고, 왜 나 같은 평범한 여자와 사귀는지 사람들이 의아해할 정도로 멋진 사람이었다. 마지막까지도 그 사람을 놓치고 싶지 않아 너무 오랫동안 기다리게 만들어버린 죄책감은 그 후로 아주, 아주 오랫동안 나를 괴롭게 했다.

그렇게 이별을 결정하고 얼마 후, 나는 회사로부터 퇴사 권유를 받았다. 재정적으로 어렵다는 이유 때문이었다. 충격적이었지만 그래도 담담하게 받아들였다. 이 상황이 마치 내가 그에게 상처 준 대가처럼 느껴졌다.

03
한인 가라오케에서의
첫 캐쉬잡

○ ○ ○ ○

첫 직장의 경제적 여건이 좋지 않아 평소 일하는 시간보다 더 적게 일할 수밖에 없게 되자 파트타임(Part Time), 즉 아르바이트를 알아보기 시작했다. 퇴사 권유를 받고 회사를 관두면 비자를 잃을 가능성이 있었기 때문에 비자에 대한 사정을 사장에게 설득해야 했다. 그래서 일하는 시간을 최소로 줄이고 최저 시급을 받는 조건으로 다른 곳으로 이직할 때까지만 일하기로 다행히 합의를 볼 수 있었다.

파트타임을 찾기 위해 오클랜드 시내 가장 중심부 근처 한국 식당과 영업장 주위로 발품을 팔았다. 가게 앞에 붙여진 구인 광고란이 있는지 없는지 하이에나처럼 주위를 어슬렁거렸다. 온라인으로 구인하는 파트타임 일은 경쟁도 치열하고 지리적으로 위치가 멀 수도 있으니, 차라리 집 근처 및 통근하다 들릴 수 있는 가까운 곳부터 먼저 찾아보기로 한 것이다. 아직까지도 직접 손으로 써서 가게 유리 벽에 붙이는 오래된 방식으로 구인 하는 가게들이 있다.

그렇게 발품을 팔아 찾은 업체 하나는 바로 한국 노래방이었다. 뉴질랜드에서는 노래방이 '가라오케'라는 일본명으로 알려져 있다. 한국처럼 방으로 이루어진 폐쇄형 공간과, 여러 사람들이 모여서 노래를 할 수 있는 오픈된 스테이지형 공간이 있었다. 근무시간은 저녁 8시부터 자정 12시까지. 일주일에 3일 정도 사람들이 조금 더 몰리는 시간에만 가서 도와주기 때문에 다니고 있는 직장에 지장을 주지 않을 정도의 가벼운 파트타임이었다. 5시에 회사가 끝나면 퇴근 후 저녁을 먹고 조금 쉬었다가 파트타임을 하는 생활을 시작했다.

내가 파트타임으로 하던 일은 소위 '캐쉬잡'이었다. 가라오케 사장님은 정식으로 고용을 원한 것이 아니고 사람이 많을 때만 필요하고 적을 때는 시간을 다 채우지 않고 가도 되는, 들쭉날쭉하게 일 할 수 있는 사람을 원했다. 2018년 현재, 뉴질랜드의 최저 시급은 시간당 뉴질랜드 달러 16.5불(세금전)이고, 고용주가 세금을 내고 나면 직원은 대략 13불 정도를 받게 된다. 이는 법적으로 정해진 최저 시급이다. 캐쉬잡이란 일을 하고 현금으로 돈을 받는 금액 지불 형식의 일을 일컫는데, 한인 숍에서도, 중국인 레스토랑에서도

이런 경우는 흔히 찾아볼 수 있다.[2]

캐쉬잡은 지불하는 형식일 뿐이라 그 자체가 불법은 아니다. 문제는 말 그대로 캐쉬잡은 현금으로 노동대가가 지급되기 때문에 고용주가 신고를 하지 않으면 세금 신고가 누락되기 쉽다는 점이다. 여기도 사람 사는 동네라, 몸이 불편한 사람이 이웃집에게 부탁해 집의 잔디를 깎아달라 하며 수고비를 준다거나, 학생들이 좌판을 놓고 쿠키를 팔고 하루 정도 돈을 버는 것은 이곳에서 흔히 있는 일이다. 이런 사소한 것까지 모두 세금을 신고 하리라고는 생각하지 않는다. 하지만 세금 전과 세금 후 차익의 금액만큼 직원에게 최저임금보다 더 적은 임금을 지불하고, 거기에 세금 신고도 하지 않는 것을 아주 당연하게 여기고 악용하는 곳들이 있다는 것이다. 엄연히 개인사업자등록이 되어 있는 상태에서 말이다. 한인 웹사이트에 가끔씩 들어가면 일이 손에 익어야 한다며 트라이얼(훈련) 기간을 하루나 일주일 정도 일을 시킨 후, 우리 가게와 안 맞는다는 이유로 돈도 안 주고 구직자를 해고시켰다는 피해자들의 소식을 접하기도 한다. 트라이얼 기간이라도 엄연히 일을 한 대가는 지불해야 하는데도 말이다.

캐쉬잡을 원해서 가장 피해를 보는 사람들은 싼 대가로 일을 할 수밖에 없

---

2) https://www.employment.govt.nz/hours-and-wages/pay/minimum-wage/different-types-of-minimum-wage-rates

는 피고용자, 특히 워킹홀리데이로 온 젊은 사람들이 많다. 이들은 영어도 안 되고 돈은 벌어야 하는 상황에서, 캐쉬잡을 원하는 한인 고용주를 만나는 경우가 많다. 캐쉬잡으로 일을 하는 사람들은 법망을 피해서 일을 하는 것이기 때문에 아플 때나 일을 쉬어야 할 때, 그리고 돈을 제대로 받지 못했음에도 건의를 할 수 없는 상황에 놓이게 된다. 제대로 세금 신고를 했으면 증거가 남았을 텐데 증거도 남지 않고, 일을 하는 것으로 인해 암묵적으로 캐쉬잡에 동의한 것이나 다름없기 때문이다. 그렇다고 영어도 안 되고, 돈이 없어서 한 푼이라도 아까운 상황에 세금 신고를 하는 고용주를 골라가며 일을 찾는 여유 있는 젊은이들만 있는 것도 아닌 것이 현실이다.

반대 입장으로 캐쉬잡으로 고용하는 고용주 입장에서는 생각이 다를 수 있다. 세금 신고에, 계약서에 이것저것 하다 보면 여간 귀찮은 일이 아닐 수 없다. 법을 다 지키고자 기껏 다 신고하고 새로 온 직원에게 트레이닝도 일주일 정도 시키면 워킹홀리데이로 온 친구들은 몇 달 다니지도 않고 관두는 경우가 많다. 그래서 또 새로운 사람 뽑아 트레이닝 하는 반복적인 상황에 놓이게 된다. 그렇다보니 세금 신고를 하기보다 차라리 캐쉬잡으로 편하게 고용하는 것이 낫지 않나 하는 입장을 취하게 된다. 하지만 이렇게 이야기해도 세금 신고를 하지 않으면 불법인 것은 어쩔 수 없는 사실이다.

일을 구하는 사람의 입장으로써 반드시 알아두어야 할 것은 캐쉬잡으로 일하면 안타깝게도 자신의 고용 됨으로써 생기는 권리(병가), 돌려받지 못하는 금액, 퇴직금 및 휴가 등이 보장받지 못할 수도 있다는 사실이다. 이런 불이익을 원하지 않으면 고용주에게 물어 세금 신고를 부탁하고, 거절당하면 그래도 그곳에서 당장의 수입을 위해 계속 남아 있을 것인지는 자신이 결정해야 할 것이다. 고용주가 '나중에'를 연발하며 이 문제를 회피하려고 한다면, 십중팔구 세금 신고 및 계약서를 작성하지 않을 것이라는 신호니 빨리 관두는 것이 나중에 마음 고생을 덜 겪을 것이다.

내가 캐쉬잡으로 일했던 가라오케 사장님은 키가 좀 작고 40대 정도 되시는 까무잡잡한, 인상이 꽤 좋으신 분이셨다. 손님이 없으면 리셉션 테이블을 사이에 두고 사장님과 이야기를 했다. 뉴질랜드에서 사는 이야기, 취직은 어떻게 했냐, 비자 상태는 어떠냐, 어떤 일 하나 등의 형식적인 말이 오갔지만, 사이사이 그분이 어떻게 뉴질랜드로 오게 되었는지 등 나와는 다른 이민 이야기를 들을 수 있었다. 내가 가라오케에 일했을 당시, 시간당 10불이라는 급여로 사장님이 필요할 때 부르셨는데, 집에서 쉬는 저녁시간에 일해 점심 값과 교통 값을 조금이나마 벌자는 생각이었기 때문에 최저시급보다 낮은 걸 감수할 수밖에 없었다.

나는 머지않아 가라오케를 관둘 수밖에 없었다. 손님도 많지 않았고, 파트타임 할 시간 동안 차라리 영어 공부나 이력서 준비를 하는 것이 더 낫지 않겠나 싶어서다. 마침 가라오케 사장님도 손님이 많이 없어 내 일손이 필요하지 않다고 판단하셨다. 그 일을 관둔 이후로 딱, 한 번 그 가라오케를 다시 간 적이 있다. 노래를 좋아하는 키위 친구와 함께 이번에는 손님으로서 그곳에 방문했다. 짧은 기간이었지만, 그래도 일했었던 직원이라며 사장님은 우리 방에 추가 시간을 한 시간 반 더 넣어주셨다. 한국 노래방은 추가 시간 서비스를 팍팍 넣어주는 것이 미덕 아니던가! 키위 친구는 한 시간만 돈 내고 노래하는데 그것보다 시간을 더 많이 넣어 주었다며 너무 좋아했고, 나는 이것을 한국의 정이라고 했다. 그리고 우리는 목이 쉬도록 브루스 스프링스틴(Bruce Springsteen)의 노래를 줄기차게 불렀다. 이것이 내가 처음이자 마지막으로 일했던 한인 캐쉬잡이었다.

04
레주메와 커버 레터?
해외 이력서 작성하기

○ ○ ○

일을 구할 때 가장 먼저 해야 하는 것은 바로 이력서 준비다. 하지만 한국에서 먹히는 이력서와 해외에서 먹히는 이력서는 언어 말고도 쓰는 방법에도 차이가 있다. 하지만 이를 잘 모르는 사람이 많다. 그래서 한국에서 썼던 이력서를 그대로 번역만 해서 고치고 지원을 하는 것보다는, 구직을 하는 나라에 따라, 직종에 따라 형식을 고쳐 쓰는 것이 좋다. 레주메(혹은 CV), 커버 레터에 대해 각각 쓰는 방법과 다른 점에 대해서 알아보도록 하겠다.

레주메(Resume) 혹은 CV(Curriculum Vitae)

우리가 가장 흔하게 생각하는 이력서를 해외에서는 레주메, 또는 CV라고 부른다. 한국은 자소서가 꽤 중요한 편이라 구직을 할 때 이력서와 함께 같이 첨부하는데, 해외에서는 자소서라는 것 자체가 없기 때문에 자소서 작성에 대한 짐은 덜었다고 생각하면 조금 다행이라는 생각이 들 것이다. 먼저, 이력서에 들어가는 사항을 나열하자면 다음과 같다.

— **소개(Overview)**
자신에 대한 간략 소개 두세 줄. 이력서의 하이라이트를 두세 문장 안에 잘 정리한다.

— **학력(Qualification)**

— **일한 경력(Work experience)**

— **따로 일을 위해 트레이닝한(Training) 코스 및 자격증**

— **레퍼런스(Reference)**
자신과 같이 일한 경험이 있는 사람들을 참조인으로 첨부

— **개인정보(Personal info)**
연락받을 수 있는 전화번호 및 이메일

— **개인 기술 (Hard skill/soft skill)**
소프트웨어 프로그램 기술 및 언어 등 눈에 보이는 스킬을 주로 하드 스킬이라 부르고, 커뮤니케이션 능력이나 매니지먼트 관리 등 눈에 보이지 않는 관리 능력에 대한 것은 소프트 스킬이라 부른다.

— **관련 링크**
작업물이나 개인 포트폴리오가 인터넷에 있을 경우 링크를 첨부

한국 이력서와 다른 점이라면 첫째, 경력이나 학력 등을 작성 시에 나열

하는 순서는 한국과 정반대로 최근 것이 제일 처음에(윗줄) 오며, 오래된 경력이 나중에 와야 한다. 최신 것과 중요한 사항은 항상 먼저 들어간다고 생각하면 되겠다. 한국 같은 경우는 병역 문제나 학력, 호적 및 인적 관계를 이력서에 가장 윗부분에 배치하는 경우가 많은데, 해외 이력서는 다르다. 자신의 이름과 간단한 간략 정보를 소개한 후, 바로 그다음으로 넣는 것은 경력과 학력이다. 특히 경력자를 뽑는 자리에 구식을 한다면 경력의 순서가 학력보다 앞으로 당겨지는 것이 좋다. 리쿠르터들이 좋아하는 이력서 타입은 연대기 순서대로 정렬한 것이다. 둘째, 뉴질랜드는 이력서에 사진과 나이, 생일을 적거나 첨부하지 않는다. 인종, 나이, 성별 등에 차별을 받지 않기 위한 고려다. 독일 같은 경우는 이력서 사진이 필요하다고 하니, 각 나라마다 차이가 있으므로 일을 구한다면 구글(Google) 검색을 통해 미리 알아보는 것이 좋다. 네이버에서 검색하면 한글로만 작성된 자료만 나오므로 반드시 어떤 자료를 찾든 구글에서 영어로 찾는 습관을 들이는 것이 좋다. 셋째, 레퍼런스, 즉 지원자와 같이 일을 했던 참조인의 연락처가 포함되어 있어야 한다.

이력서에서 가장 중요한 단 한 가지 항목을 뽑는다면, 단연코 일한 경력(Work Experience)이라고 생각한다. 뉴질랜드는 학벌보다는 경험을 더 중요시하기 때문에, 군이 대학을 가지 않더라도 폴리텍에 들어가서 짧게 공부하고 경험을 더 많이 빨리 쌓는 현지인들을 꽤 볼 수 있다. 나는 경력을 작성할 때 회사의 이름과 직급 외에도 한두 줄 정도 짧게 내가 어떤 일을 했는지, 어떤 고객을 상대로 프로젝트를 했는지 함축하여 작성하였다. 직급만 서술하면 구체적으로 무슨 일을 했는지 가늠하기 힘들기 때문에 이런 부분이 면접관에게 자기들이 찾는 인재와 비슷한 일을 했는지 적합성을 알아볼 수 있는 부분이라고 생각했다. 그렇다고 자신의 경력이 많다는 것을 증명해 보이기 위해 아무 경력이나 쓰는 것은 지양하고, 선택적으로 자신이 PR하고자 하는 경력만을 작성하는 것이 좋다.

방금 언급했던 것처럼 학력은 일한 경력보다는 중요도가 약간 떨어지는 편이다. 한국에서는 학력이 높을수록 신입일 경우 가산점이나 서류 통과하는 데 중요한 역할을 하는 경우가 있으나, 뉴질랜드에서는 우선 순위는 무조건 경력이다. 대단한 대학교를 졸업해도 경력이 없으면, 학력이 없어도 경력이 많은 사람보다 일자리를 찾기 힘들다. 마케팅이나 법 관련 등 학력이 필요한 직업에서는 대학 졸업장이 필요하겠지만 '어느 대학'을 나왔냐에 대한 것에서는 취업하는 데 크게 적용되지 않는 분위기다. 하지만 외국인 신분으로서 공부를 해외에서 마쳤지만, 뉴질랜드 내에서 배운 정규 과정 및 코스가 있다면 기입하는 것이 좋다. 이것이 신뢰성이 있는 기관을 거쳤다는 것을 증명하는 방법이 되기도 하기 때문이다.

나는 한국 4년제 대학 졸업장 이외에 딱히 학력에 대해 기입할 수 있는 뉴질랜드 과정이 없었다. 그래서 내가 선택한 방법은 한국 대학 학력 이외에도 영어를 얼마나 공부했다는 어학원 코스 수료와 해외에서 알 수 있을 만한 자격증 이름을 적어낸 것이 다른 점일 수 있겠다.

레퍼런스(참조인)는 한국에서는 없는 항목이다. 레퍼런스를 적는 이유는 지원자가 어떤 사람인지, 일을 어떻게 했는지 등 제삼자를 통해 알아보는 것이다. 대부분 고용 과정 마지막 단계에서 지원자를 평가하기 위해 꼭 거치는 정보다. 레퍼런스는 반드시 자신과 같이 일했던 경험이 있는 사람이어야 한다. 이름, 회사명과 하는 일, 전화번호 정도 적어주면 되며, 사전에 참고인이 될 사람에게 미리 자신의 레퍼런스가 되어줄 것을 요청하고 수락을 받아야 하는 것이 매너다. 레퍼런스는 남의 시선으로 바라보는 자신에 대해 설명을 하기 때문에 신뢰할 수 있고, 또렷하게 말할 수 있는 사람이 좋다. 그래서 웬만하면 영어를 잘하는 사람 또는 현지 사람을 적어주는 것이 유리하게 작용한다.

위의 내용을 모두 참조하여 작성한 이력서의 샘플은 다음과 같다.

John Smith (영어 이름 먼저 표기 후 성 표기)

123 ABC Street, Auckland (현재 사는 주소)

012 345 678 | ABCD@email.com (받을 수 있는 연락처나 이메일)

Summary/Overview (간략 소개)

나는 5년 동안 (경력자 강조) IT 업계에서 스타트업, 대형 회사, 은행 등 (여러 분야 강조) 다양한 IT 분야에서 일을 해 왔습니다. 대학교에서 4년 동안 IT 공부를 하면서도(학력 강조), IT 관리자 코스도 밟아 왔기 때문에 (자격증 강조) 다양한 곳에서 일하는 동안 팀 안에서도, 개인 단독으로도 (일하는 타입에 대한 적응) 조

화롭게 일을 해왔습니다. 저는 주어진 일만큼은 사람들의 기대치보다 더 잘해 내는 사람입니다. (개인 성격 강조) – 최대 4줄 이하로 작성

Work Experience (경력)

2016 – 2018	A 회사에서 IT 시니어 매니저로 근무
	– A 회사에서 매니저로서 일 한 프로젝트에 대한 간략 설명
2010 – 2016	B 회사에서 IT 주니어 매니저로 근무
	– B 회사에서 주니어 매니저로서 일 한 프로젝트에 대한 간략 설명
2008 – 2010	C 회사에서 IT 어시스턴트로 근무
	– C 회사에서 어시스턴트로 근무하면서 일 한 프로젝트에 대한 간략 설명
2007 – 2008	D 회사에서 인턴으로 근무

Qualification (학력) / Training (코스 및 자격증)

– 가장 최근 학력부터 차례로 기입한다.
– 뉴질랜드 내 인증할 만한 센터 코스 등 인정 할 만한 학력을 기입하는 것도 좋다.

Hard skill / Soft skill (자신이 할 수 있는 기술)

– 엑셀, 파워포인트 (하드스킬)
– 한국어 (하드 스킬)
– 리더쉽 및 문제 해결 능력 (소프트 스킬)

Reference (참조인)

– Jane Lee | 123 456 7890 | DEF Company | Manager (자신과 같이 일했던 인물의 이름 1 / 연락처와 이메일, 다니는 회사, 직급, 지원자와의 관계)
– Peter Patel | 234 567 8990 | GHI Company | Co–worker (자신과 같이 일했던 인물의 이름 2 / 연락처와 이메일, 다니는 회사, 직급, 지원자와의 관계)

위의 샘플은 나의 직업이 프로젝트 매니저라는 가정하에 임의로 만들었다. 한국과 비교하면 보여주는 정보가 많지 않아 매우 간단하다고 느낄 수도 있겠다. 이력서 작성에 대한 방법과 양식은 다양하기 때문에 무조건 위의 이력서 방식을 따라가지 않아도 되므로 가이드로만 보는 것이 좋으며, 구글에서 영어로 'Resume Template'이나, 'How to write a resume'와 같은 이력서 작성법을 영어로 검색하면 방대한 양이 나오니 참고하면 좋다.

중요한 것은 간결성, 정보의 우선순위이며, 부가적으로 지원하는 일과 매치되는 매력적인 이력을 강조한다면 더 바랄 것이 없다. 마지막으로 이력서 장 수가 많다고 좋은 것은 아니므로 한 장이나, 최대 두 장으로 작성하는 것을 추천한다.

커버레터(Cover letter)

커버레터는 자기소개서도 아니고, 이력서도 아니다. 한 장의 편지처럼 왜 이 일을 지원하는지, 자신이 왜 적합한지 짧은 설명을 첨부하는 것이 커버레터다. 이력서와 커버레터를 혼동하는 사람들이 많은데, 커버레터에 너무 많은 걸 쓰다 보니 이력서와 비슷해지기 때문이다. 커버레터는 아주 간략하게 '왜?(Why)'를 보여주는 것이기 때문에 이력서와는 다른 목적을 가지고 있다.

이력서로 바로 제출해서 일을 구하기도 하지만 회사마다 커버레터를 선호하기도 해서, 커버레터는 반드시 해야 한다기보단 구인하는 회사의 명시에 따라 작성하면 된다.

커버레터[3]에 들어가야 할 것은 다음과 같다.

—— 아주 간략한 자기 소개

—— 지원하고자 하는 직업

—— 왜 이 일을 원하는가?

—— 왜 이 일이 나에게 적합한가 (지원자가 가지고 있는 스킬이 어떻게 그 일에 적합한가)

—— 이력서 및 포트폴리오 등 필요한 링크 및 연락처

커버레터는 두 가지 메시지만 전달하면 된다. 하나는 '자신이 왜 이 일에 적합한 인재'인지, 그리고 나머지 하나는 '얼마나 열정적인가'다. 이 느낌을 담아서 전달했다면 그 커버레터는 목적을 달성한 것이다. 이력서처럼 경력을 서술하는 것이 아닌, 지원하는 일에 맞추어서 커버레터의 내용은 항상 바뀌어야만 한다. 이것이 이력서와의 가장 큰 차이점이다.

---

3) https://www.careers.govt.nz/job-hunting/cvs-and-cover-letters/how-to-write-a-cover-letter/#cID_516

John Smith (영어 이름 먼저 표기 후 성 표기)

123 ABC Street, Auckland (현재 사는 주소)

012 345 678 | ABCD@email.com (받을 수 있는 연락처나 이메일)

To. (면접자나 직원하는 회사의 이력서를 담당하는 부서의 이름)

저는 [지원하는 회사] 내의 [지원하는 직급]에 매우 관심이 많다는 표현을 알리기 위해 글을 작성합니다. 저는 제가 가지고 있는 경력 및 학력으로 보나 이 회사에 도움이 될 수 있는 훌륭한 스킬과 적성을 가지고 있다고 생각하며, [지원하는 직급]은 저에게 이상적인 위치가 될 것이라는 것을 확신하고 예상합니다. – 지원하는 동기, 직급에 대한 흥미 표현

저는 [경력 연수]년 OOO로 일한 경험을 가지고 있으며, [전에 일했던 회사에서 어떤 직급을 가지고 무슨 일을 했는지 핵심 키를 나열하며 간단하게 설명할 것]을 해 왔습니다. 특히 아래와 같이 제가 가지고 있는 스킬과 제가 이루어 낸 경력은 이 직급에 더 큰 영향을 줄 것입니다. – 왜 지원하는 일에 적합한가

– 핵심 스킬 1
– 핵심 스킬 2
– 성과 1
– 성과 2

저는 그 외에도 [지원자만이 가지고 있는 스킬 1]과 [지원자만이 가지고 있는 스킬 2]로 회사에 좀 더 좋은 영향을 줄 수 있는 인재가 될 것이라 확신합니다. – 다른 지원자와 차별이 될 수 있는 나만의 특징

더 필요한 정보나 문의사항이 있으면 언제든지 주저하지 마시고 연락하시길 바라며, 잠재적인 이 이후의 프로세스에 대한 기회가 오기를 바라고 있겠습니다. – 다시 한번 더 흥미와 언제든 열려 있다는 가능성 표현

John Smith (지원자 이름)

커버레터에 대한 간단한 예시이다. 레터(Letter), 즉 편지이기 때문에 웬만하면 한 장을 넘지 않는 것이 좋으며, 사실을 나열하는 이력서와는 큰 차이를 발견할 수 있을 것이다.

레주메와 커버레터를 종합적으로 이야기하자면, 영어가 모국어가 아닌 우리의 입장에서 영어 철자 확인은 반드시 여러 번 체크해야 하는 필수 중의 필수다. 가능하다면 영어가 모국어인 현지인에게 부탁을 해서 문법이 정확하고 말이 매끄러운지, 혹은 좋은 표현인지 확인을 받는 것은 백 번 강조를 해도 아깝지 않다. 그렇다고 아무에게나 물어보지 말자. 한국에서도 글을 매끄럽게 쓰는 사람과 잘 못 쓰는 사람이 있듯, 영어를 모국어로 쓴다고 전부 문법과 글을 매끄럽게 쓰는 것은 아니다.

글씨(폰트) 스타일도 이력서에 아주 많은 영향을 끼친다. 읽기 쉬운 글씨 스타일인지, 전문적인 스타일인지 확인하는 것이 좋다. 날짜와 글씨 정렬 등 통일성 있게 맞춰서 간결하게 보이도록, 읽어나가는 흐름이 매끄럽도록 틀을 만드는 것이 좋다. 귀여운 모양의 글씨 스타일은 전문적이지 않아 보이므로 추천하지 않는다.

위에 작성한 이력서 작성법은 개인적인 경험에서 기초한 것이며, 정석이라고 확신할 수 없다. 직업군도 다르고 상황도 다르기 때문이다.

전문적인 업계에서 일하는 사람에게 피드백(Feedback)을 받으면 받을수록 이력서는 더욱 매끄러워질 것이며, 자신이 보지 못했던 이력서의 개선점을 제안해 줄 것이다. 다행히 뉴질랜드에는 구직하는 사람들에게 도움을 주기 위한 이력서 작성법 및 취업 프로그램 등을 각 지역 도서관이나 커뮤니티 센터에서 하는 경우가 있으니 도서관 게시판 및 시청 또는 커뮤니티 교육 프로그램 등을 꼼꼼히 찾아보길 바란다. 또 발품을 팔 때다.

05
일자리 구하기,
발렌타인데이 때 돌린 초콜릿과 이력서

○ ○ ○

    한국에서도 일을 구할 수 있는 알바몬이나 잡코리아 등의 웹사이트가 있는 것처럼, 뉴질랜드도 구직, 구인 웹사이트가 있다. 내가 가장 많이 방문한 웹사이트를 나열하면 아래와 같다.

—— SEEK(www.seek.co.nz)
    뉴질랜드 구직 웹사이트이며, 호주 구직 정보도 같이 찾을 수 있다.

—— 링크드인(https://www.linkedin.com/jobs/)
    뉴질랜드뿐만이 아닌 글로벌 대상으로 직업을 찾을 수 있으며, 빠른 업데이트를 장점으로 한, 최근 몇 년 사이 가장 크게 성장한 인맥 네트워크 웹사이트.

—— 트레이드미(https://trademe.co.nz)
    뉴질랜드에서 가장 큰 거래형 웹사이트. 차 구매 및 집을 살 때도 이 웹사이트를 이용하여 정보를 얻을 수 있으며, 마찬가지로 구직 정보도 제공한다.

— **코리아포스트**(www.nzkoreapost.com/)
뉴질랜드 내 최대 한인 웹사이트이며, 한국인이 운영하는 회사에서 일하고 싶은 경우 이곳에서 일을 찾을 수 있다.

— 워킹홀리데이로 와서 한곳에서만 일하는 것이 아니라 여행을 하면서 숙박비와 여행 경비 정도 해결할 수 있는 것을 원한다면 백팩커 보드(http://www.backpackerboard.co.nz/) 웹사이트에서 클리닝 등의 단기 일을 구할 수 있다.

구직, 구인 웹사이트에서 일을 찾는 방법이 있는 반면, 규모가 큰 회사들은 사람을 뽑을 때 자사 웹사이트에만 구인을 올리고 구직, 구인 웹사이트에는 올리지 않는 경우도 있다. 그래서 특정한 회사에 면접을 보고 싶다면 그 회사 웹사이트를 즐겨찾기 해서 수시로 자신의 경력에 맞는 일자리가 올라오는지 체크하는 것도 중요하다. 회사가 외국인을 고용해 본 큰 기업이라면 어떤 프로세스를 거쳐야 하는지 잘 알기 때문에 오히려 외국인 고용 경험이 많은 회사를 찾아보는 것이 의외로 긍정적인 결과를 낳을 수 있다.

나는 당시 거주지가 오클랜드였기 때문에, 일자리를 찾기 시작할 때 거주지를 기준으로 알아보았다. 초반에는 마음에 드는 일자리만 골라 지원을 했다. 하지만 지원한 곳들에게서 연락이 없자, 직업이 비슷해 보인다 싶으면 닥치는 대로 이력서를 넣었다. 최소 40군데 넘게 지원을 했고, 점차적으로 오클랜드 뿐만 아니라 다른 지역까지도 알아보기 시작했으며, 심지어 호주에도 구직지원을 할 정도였다. 지원을 했는데 아무런 반응이 없으면 대부분 서

Chapter 2
나는 초짜 외국인 노동자

류에서 떨어진 것이라고 생각했다. 왜냐하면 일을 지원하는 곳이 한국계 기업 또는 회사의 고용주가 한국인이 아닌 이상, 한국 경력은 전혀 도움이 되지 않았다. 거기에 더해 비자가 워킹홀리데이 비자이거나 관광 비자를 가지고 있다? 이력서가 아무리 좋다고 하더라도 정말 꼭 필요한 스킬이 아닌 이상, 제외 대상 1순위가 된다. 회사와 지원자 둘 다 까다로운 비자 지원 과정을 거쳐야 하기 때문이다. 다행히 나는 전 직장으로부터 발급 받은 워크 비자를 소지하고 있었기 때문에 그나마 비자 문제에 대해서 벗어날 수는 있었다.

직업을 찾는 지역만 넓어진 것이 아니라, 사용하는 키워드(Keyword)도 광범위하게 넓어졌다. 처음에는 그래픽 디자인(Graphic Design)으로만 일을 찾았다면, 디지털 디자인, 유저인터페이스 디자인, 디자이너, 비주얼 디자이너 등 디자인이 들어가는 모든 직종과 더불어 IT, 크레이티브(Creative), 아트(Art) 등 비슷한 직종에서 흔히 쓸 법한 단어, 코리안(Korean), 코리아(Korea) 등 한국인이어야 할 수 있는 직업도 혹시 있는지 키워드를 바꾸어 가며 일을 찾았다. 혹시나 좁은 검색으로 인해 내가 지원할 수 있는 일을 놓치지는 않을까 해서다.

그렇게 수십 번의 온라인 구인 신청과 리크루트를 통했는데도 일이 잘 구해지지 않았다. 11월 초에 이직 권고를 받은 후 12월부터 구인을 시작했는데, 운이 없게도 뉴질랜드의 12월부터 1월은 휴가철이라 구인도, 구직도 잘 하지 않는 기간에 접어든 것이다. 사람들은 크리스마스와 새해 연휴가 끼어 있는 휴가철을 즐겁게 보내는데, 나는 참을 인 자를 그어가며 놀러 가지도 않고 휴가 기간이 빨리 지나가기만을 기다렸다.

'1월 중순부터는 그래도 사람을 구하겠지….' 하지만 2월 초가 지나가도 서류가 떨어졌다는 통보조차 들려오지 않았다. 초조해졌다. 어떻게 하지? 머리가 복잡해졌다. 오지 않는 이메일을 하염없이 기다릴 수는 없었다. 심지어 최후의 보루로 거들떠보지 않았던 한인 웹사이트에도 그래픽 디자이너를 구하는지 구직란을 검색할 정도였다!

아무것도 진전되지 않은 상태에서 집에 가만히 있기에 내 성격은 차분하지 못했다. 오클랜드 내에 있는 디자인 관련 회사를 전부 검색해서 리스트를 만들기 시작했다. 뚜벅이 신세였으니, 너무 먼 지역은 제외하고 걸어서 갈 수 있는 회사들로 골랐다. 그렇게 뽑으니 대략 12곳으로 추려졌다.

2월 중순, 마침 발렌타인데이가 다가오고 있었다. 미리 작성한 이력서와 나의 실력을 담은 포트폴리오 두 장, 총 세 장에 초콜릿을 붙여 스테이플러로 함께 찝었다. 한국 길거리에서 교회 전단지나 나이트 클럽 찌라시를 나누어 줄 때 사탕 같은 것을 함께 넣어서 사람들에게 뿌린 것이 생각이 났던 것이다. 가수 박진영도 미국으로 진출할 때 대형 음반 제작사가 전혀 자신을 받아주지 않으니 리셉션에다가 데모테이프과 함께 에너지 드링크를 슬쩍 같이 주면, 미안해서라도 받아주었다는 이야기를 〈무릎팍 도사〉에서도 말하지 않던가! 이력서만 주면 읽어보지도 않고 버리겠지만, 초콜릿이 있으면 초콜릿을 이력서에서 떼는 동안이라도 훑어 보지라도 않을까 싶었다.

뉴질랜드 통계청에 따르면 뉴질랜드 실업률은 2018년 1월 기준 4.4%다. 이 중 청년 실업은 13% 정도로 평균 실업률보다 높다. 이는 경력이 전혀 없는 갓 졸업한 청년들이 경력자보다 일자리 구하기가 힘들다는 것을 보여준다.[4]

또한, 뉴질랜드에서 유명한 취업 사이트 SEEK에 따르면 뉴질랜드 키위 2,800명을 상대로 조사한 결과, 68%가 일을 구할 때 걸리는 평균 기간은 6개월, 즉 반 년 정도가 걸린다고 대답했다고 한다.[5] 영어가 모국어인 키위 현지인들도 일을 구하는데 최소 3개월에서 반 년이 걸리는데, 외국인의 사정은 오죽하겠는가. 호주에서 뉴질랜드로 일을 구하기 위해 왔다는 호주 출신 커플도 뉴질랜드에서는 일자리가 없어 구하기 힘들다며 쩔쩔매는 와중에, 영어도, 경력도, 비자도 마뜩잖은 한국인이 취업되는 길은 고난의 길이었다.

2014년 발렌타인데이, 이력서를 크로스 백에 두둑하게 장전하고 오클랜드 시내에 있는 디자인 에이전시를 한 군데 한 군데 돌아다니며 마치 방문 판매 하듯 문을 두드리기 시작했다. 쪽팔리다고? 찬밥, 더운밥 가릴 처지가 아니었다. 물론, 첫 방문이 제일 힘들다. 어떻게 들어가야 할지, 누구와 어떻

---

4) https://tradingeconomics.com/new-zealand/youth-unemployment-rate
5) https://www.seek.co.nz/career-advice/how-long-does-it-really-take-to-find-a-new-job

게 대화를 이끌어가야 할지 고민되었기 때문이다. 다행히 나는 초등학교 때 한 번, 고등학교 때 한 번 아르바이트로 광고 찌라시를 돌린 경험이 있었다. 아르바이트라도 배울 만한 것은 반드시 있었다. 찌라시 돌리기, 마트 내 상품 판매원, 맥줏집 서빙, 옷 가게 관리 등 아르바이트로 일했던 여러 경험들은 나의 낯짝을 두껍게 만들어주는 방법을 가르쳐주었다. 그 덕에 자존심이 크게 발목을 잡지 않고 회사 문을 열어젖히고 들어갈 수 있었다.

어떤 에이전시는 바빠서 거들떠 보지 않았고, 어떤 곳은 그래도 이력서를 받아주기는 했다. 어떤 한 곳은 나와 비슷한 나이의 여성 한국인이 직원으로 일하고 있었는데, 느낌상 졸업한 지 얼마 안 된 주니어급 경력 정도 되어 보였다. 상사가 그 한국인 직원을 시켜 캐주얼하게 일대일 면접을 보라고 하여 즉석에서 잠깐의 인터뷰를 하기도 했다. (물론, 그 직원의 인터뷰 경험을 쌓게 하는 시험용인 것은 알고 있었다.)

그렇게 회사가 문을 여는 아침 10시부터 시작한 이력서 돌리기는 점심도 먹지 않고 오후 4시가 넘어 회사들이 문을 닫을 때가 되어서야 끝이 났다. 총 12곳 중 11군데를 돌아다니며 이력서를 냈다.

'이 정도면 된거야.'

집으로 가는 버스 좌석 창가에 앉아 하나둘 불이 켜지는 도시의 불빛을 바라보았다. 내가 할 수 있는 건 거의 다 했다고 생각했다. 이렇게 비자 기간이 끝나고 한국에 돌아간다 해도, 해볼 건 거의 다 해 보았으니 후회는 없을 것이라고 스스로 위로 했다.

이 글을 읽으면서 그렇게 뿌린 이력서의 결과가 어떻게 되었을지 많이 궁금해할 것이다. 그 날 이력서를 뿌렸던 총 11군데 중, 1곳의 에이전시로부터 연락을 받았다. 소규모의 디자인 에이전시 한 군데가 나에게 이메일을 보내 면접을 요청한 것이다. 면접을 진행하셨던 면접관 두 분은 여태껏 내가 보았던 그 어떠한 면접보다 서투른 영어실력에도 불구하고 몸을 기울이면서까지 나의 말을 경청해주었다. 그 회사와는 안타깝게도 잘 연결되지 못했다. 하지만 그들은 면접 이후 나에게 장문의 이메일을 작성하여 보내주었다. 자신들은 소규모 회사라 마케팅도 할 수 있는 (현지인만큼 영어를 아주 유창하게 하는) 시니어급 인재를 찾고 있었던 중이며, 만약 자신들이 시니어급을 구하지 않고 그 중간 단계급 인재를 구하고 있었더라면 나를 고용했을 것이라는 배려의 장문이었다. 계속되는 면접 실패에 위축되어 있었던 나의 마음을 그 이메일로 달랠 수 있었다.

그 후로 두 달이 더 지나고, 그동안의 힘겨운 취업 과정과는 달리, 나는 생각하지 못한 큰 회사로 의외로 쉽게 취업에 성공할 수 있었다. 마치 그 회사가 나를 기다렸다는 듯한 자격 조건으로 구인광고를 냈기 때문이다. 디자이너이면서, 경력이 있으면 좋고, 결정적으로 한국어를 할 수 있는 한국인이어야 한다는 구인 광고였다. 나는 그 광고를 보자마자 손이 덜덜 떨리고 심장이 빨리 뛰었다. 이 회사는 나를 찾고 있었다.

06
전화 면접, 일반 면접,
그리고 화상 면접

○ ○ ○

　토종 한국인으로서 서류에 통과했다면, '일단 5%의 가능성을 통과했으므로 축하할 일이다!'라고 생각하겠지만, 샴페인을 터트리며 기쁨을 누리는 것은 잠시 뒤로 미루는 것이 좋다. 인터뷰라는 거대한 산이 그다음 단계에서 기다리고 있기 때문이다. 인터뷰는 크게 세 가지 타입이 있다. 면접관을 직접 대면하는 일반적인 면접 인터뷰, 전화로 하는 전화 인터뷰, 그리고 화상 인터뷰가 있다.

　내가 이직 시 일을 구하기 위해 뉴질랜드에서 했던 인터뷰를 전부 따지자면 실제 면접관을 대면하여 본 인터뷰는 다섯 번, 전화 인터뷰 한 번, 화상 인터뷰는 두 번의 경험을 했다. 인터뷰를 진행하면서 느꼈던 점은 역시 인터뷰도 많이 하면 할수록 경험이 쌓이면서 실수를 적게 한다는 점이었다. 마지막으로 본 인터뷰가 잘 되어 취직을 할 수 있었던 것도, 앞서 했던 많은 인터뷰 실패 경험을 통해 깨달은 실수와 경험들이 쌓여 합격할 수 있게 되었기 때문이다.

전화 인터뷰

나의 첫 번째이자 마지막 전화 인터뷰는 리쿠르트먼트 에이전시에서 걸려 왔다. 리쿠르트먼트 에이전시(Recruitment Agency)는 일 알선 업체, 즉 잡 에이전시이다. 그들이 하는 일은 기업이 원하는 조건의 인재를 요청하면, 그 요청을 받아 구직을 하려는 사람과 일이 얼마나 잘 맞는지 매치를 해주고 면접을 주선하는 일이다. 기업이 인재를 고용하게 되면, 그 잡 에이전시는 인재를 고용한 연봉의 몇 퍼센트를 수수료로 가져가는데, 그게 그들의 수입인지라 지원자에게 면접을 잘 볼 수 있게끔 도와주기도 한다. 그래서 기술과 영어가 좀 된다면 잡 에이전시를 통해 일을 구하는 것도 한 방법이다. 그들은 기업 대신 구인을 직접 올리기도 해서, 지원자의 이력서가 기업으로 바로 들어가지 않고 잡 에이전시에서 먼저 받게 되는 경우도 있다.

잡 에이전시는 되도록이면 많은 구직 지원자들을 인적 데이터로 모아야 하기 때문에 일대일로 만나서 어떤 사람인지 인터뷰를 하기도 하지만, 전화상으로 간단한 인터뷰를 하기도 한다. 이는 내가 경험했던 것이기도 하다. 내가 잡 에이전시에서 받은 인터뷰의 질문은 간단했다. 학력이 어떻게 되는가? 경험이 어떻게 되는가? 왜 이 기간에 쉬었는가? 왜 회사를 이직하는가? 등이다.

전화 인터뷰는 얼굴과 입이 안 보이기 때문에 영어가 잘 들리지 않고, 말로만 설득해야 한다는 것에 굉장히 어려움을 느낄 수 있다는 점이다. 잡 에이전시에서 불시에 전화가 오면 전화를 받은 즉시 바로 간단한 인터뷰를 요청하기도 해서, 에이전시에서 전화 인터뷰를 요청하면 갑작스런 인터뷰를 할 마음의 준비가 되었는지, 자기 현재 주위가 시끄럽지 않은지 상황을 살펴보는 것이 좋다. 그리고 그런 상황의 분위기가 아니라면 차분하게 (절대 갑자기 당황했다는 얘기하지 말고) 지금 어떤 일을 하고 있으니 시간을 다시 잡고 전화 인터뷰를 하자고 요청해도 된다. 혹 당황해서 어영부영하다가 그 에이전시와는 그 전화 인터뷰가 마지막이 될 수도 있으니 말이다.

화상 인터뷰

전화 인터뷰보다 더 당혹스러웠던 것은 화상 인터뷰를 경험했을 때다. 나는 화상 인터뷰를 총 두 번 했는데, 그중 첫 번째로 했던 인터뷰는 이름이 잘 알려진 현지 회사 중 한 곳이었다. 지사는 오클랜드에 있고 본사는 다른 지역에 있을 정도로 뉴질랜드에서는 큰 기업이었다. 이 인터뷰는 잡 에이전시를 통해 연결되었는데, 에이전시는 나에게 '연봉을 얼마 불러라', '이런 질문이 나오면 이렇게 대답하라' 등, 나에게 영어에 대한 팁과 자료까지 보내주며 심기일전할 정도로 기대가 컸던 곳이다.

면접을 보러 회사에 들어가자, 한 남성이 나를 맞이해주었다. 나는 그 사람과 벽면에 큰 모니터가 있는 미팅룸에 들어갈 때만 해도 어떤 일이 벌어질

지 전혀 모르고 있었다. 그 뒤에 벌어진 일은 예상하겠지만, 스크린이 켜지며 또 다른 한 남성이 나타났다. 한국에서도, 뉴질랜드에서도 생전 겪어보지 못한 첫 화상 인터뷰가 그곳에서 시작되었다. 옆에서도 면접관이 말하고 화상 너머 면접관도 말을 동시에 하는데 혼란스러웠다. 음질도 좋지 않아 잘 들리지 않았던 건지 아니면 내가 너무 당황한 건지 화상 너머의 면접관의 질문이 들리지 않았다. 생소한 면접 방식과 첫 질문을 이해하지 못해 짧게 끝나고만 말았던 처참한 첫 화상 인터뷰의 기억. 아아… 지금도 생각할 때마다 쥐구멍에 숨고 싶을 정도로 처참했던 인터뷰는 단 오 분만에 끝나고 말았다.

아직까지도 한국에서는 화상 인터뷰가 흔치 않은 일이다. 하지만 지사와 본사가 따로 있거나 해외 시장을 타깃으로 해서 현지인을 구할 때면 화상 인터뷰를 하는 경우를 정말 많이 만날 수 있으므로 이를 위해 대비 해야 한다. 그렇다면 화상 대화는 대체 어떻게 준비해야 할까?

화상 면접의 좋은 점은 자기가 어떤 말을 해야 할지 제어할 수 있다는 점이다. 시간 제약이 없고, 익숙한 환경인 집에서 인터뷰를 하게 되면 긴장을 덜 하게 된다. 긴장을 덜 하면, 자신이 발휘 못 했던 영어나 자신감을 더 보일 수 있고, 웹캠 모니터 주변에 무슨 말을 해야 할지 커닝 페이퍼를 작성해 도움을 받을 수도 있다.

단점이라고 한다면 기술적인 문제일 것이다. 인터넷 연결 상태가 안 좋은 경우 전화통화보다 음질이 훨씬 떨어지기에 더 알아듣기 어렵다. 그래서 인터넷이 잘 터지는 안정적인 곳에 있는지 먼저 인터넷 연결 및 테스트를 해야 한다. 화상 대화에서 적어도 두세 번씩 하는 말은 "Can you hear me?(너 나 들리니?)"인데, 그만큼 계속 연결이 안 좋다 보면 서로가 짜증이 나는 사태가 온다. 인터뷰 도중, 인터넷 연결이 매끄럽지 않거나 문제가 있을 시 즉시 알리도록 해서 오해의 소지가 없도록 해야 한다.

집에서 화상 면접을 하는 경우, 컴퓨터 웹캠에 잡히는 자신의 화면 뒷배경이 깨끗하게 보이도록 정리를 하고, 집에서 입는 옷 말고 단정한 셔츠 등을 입도록 한다. 만약 가정에 아이가 있는 집이라면 면접하는 동안 방해받지 않도록 문을 잠가두도록 한다.

한두 해 전, BBC 영국 공영 방송에서 박근혜 전 대통령에 대한 탄핵 이슈 때문에 한국에 사는 외국인 교수와 영국 뉴스진행자가 화상 인터뷰했던 일을 기억할 것이다. 인터뷰 도중, 어린 딸과 유모차를 끌고 들어 온 아기, 그리고 그들을 잽싸게 낚아채는 엄마 때문에 전 세계적으로 한창 이슈가 되었던 이 방송사고(유튜브에서 'Children interrupt BBC News interview – BBC News'라 검색하면 찾을 수 있다) 말이다. 다행히 남들에게 웃음을 주는 해프닝으로 끝나서 다행이었지만, 실제 화상 면접이었다면 많이 당황했을지도 모르는 일이다.

위의 사항들도 중요하지만 그래도 가장 중요한 것은 연습이다. 같은 사람이라도 모니터를 통해 상대방의 말을 이해하는 것과 실제로 보며 말을 이해하는 것이 많이 다르기 때문에 화상 면접 대비 연습을 하는 것이 실수를 줄이는 일이다.

고용인과 직접 대면하는 일반 면접

직접 고용하는 회사와 전화로 약속을 잡고 매니저 및 직원과 마주보며 대화하는 인터뷰가 한국인이 가장 일반적으로 생각하는 인터뷰 방식이다. 인터뷰를 하면서 매번 느끼는 것은 인터뷰도 많이 해봐야 실력이 는다는 것이다. 해외 어디든 어차피 사람 사는 곳이라 비슷하게 인터뷰를 진행하기 때문에 한국에서 면접을 많이 해보고 연습을 했다면 조금 수월하지 않을까 싶다. 내가 받은 질문들은 지극히 상식선이었으며, 질문은 다음과 같았다.

—— 비자의 현재 상태는 어떠한가?

—— 왜 이직하려고 하는가? (이직이 아닌 경우) 공백기 동안 어떤 일을 했나?

—— 자신이 몸 담았던 전 회사에서 했던 가장 자신 있었던 프로젝트에 대해 이야기해달라.

—— 반대로 자신이 아쉬워했던 프로젝트에 대해 이야기해달라.

—— 팀원과 트러블이 있을 시에는 어떻게 대처할 것인가?

—— 우리 회사에 대해 질문이 있는가?

—— 우리가 원하는 인재는 XX스킬과 OO스킬이 필요하다. 어느 정도 할 줄 아는가?

전 회사에서 구체적으로 어떤 일을 했는지 물어보는 경우가 많았는데, 나는 이런 타이틀을 가지고 몇 년 일을 했다고 간단히 마무리하는 것보다, 스토리를 나열하는 것이 좋다. 가장 자신 있었던 프로젝트가 어떤 것이고, 타깃은 무엇이고, 프로젝트 하는 과정에서 어떤 일이 있었고, 내가 했던 작업이 어떤 결과를 낳았는지 등 기승전결로 구성하는 스토리 라인은 따분하게 면접을 보는 면접관에게도 흥미를 줄 수 있다.

해외 면접이기 때문에 영어를 막힘 없이 하는 것은 당연히 중요하지만, 비지니스 및 면접 영어 등 인터뷰에서 쓸 만한 표현을 알고 가면 더 좋다. 위의 질문을 스스로 물어보고, 입에 붙을 정도로 자신감 있게 대답하는 연습이 필요하다. '아' 다르고 '어' 다른 것처럼, 대답을 할 때도 "그 분야에 대해서는 생소해서 잘 알지 못합니다"라고 이야기하는 것보다, "그 분야에 대해 잘 알지 못하지만, 입사하게 된다면 그 분야에 대해 익힐 수 있도록 노력하겠습니다."와 같이 긍정적인 분위기를 도출하는 것이 좋다. 회사에서 듣고 싶을 만한 긍정적인 단어, 예를 들어 기회(Opportunity), 유연성(Flexible), 열심히 일하는 사람(Hard worker), 사회성이 좋은(Sociable) 등 기분 좋은 단어들을 사용하면 마찬가지로 면접관들도 좋은 느낌으로 지원자를 바라볼 수 있지 않을까 싶다.

면접관들은 대부분 마지막 질문으로 그 회사나 직원에게 묻고 싶은 질문이 있냐고 묻는 경우가 많다. 이때 수줍게 없다고 하는 것보다 충분히 그 회사에 대한 정보를 미리 파악한 후, 지원한 자리에 어떠한 인재상을 원하는지, 고용이 된다면 맡아야 할 최근 프로젝트들은 어떤 것들이 있는지 등, 적극적으로 회사에 대한 질문을 하여 인상을 남기도록 하는 것이 중요하다.

미술학자 유홍준 교수는 〈나의 문화유산 답사기〉라는 책에서 그 유명한

'아는 만큼 보인다'는 어록을 남기셨다. 면접도 아는 만큼 보이고, 아는 만큼 말할 수 있으며, 아는 만큼 자신감이 생긴다. 두렵다면, 두려운 만큼 연습하자. 진부하지만 사실이다.

07
한국에서 미리 알았더라면 좋았을
해외 취업 준비

o o o

"해외에서 어떻게 취직하셨어요? 너무 부러워요~"

"해외로 이민하려면 한국에서 어떻게 준비해야 하나요?"

이런 질문을 받게 되면 순간 난감해진다. 여기까지 인내심을 가지고 책을 읽은 독자 분들이라면 내가 취업한 방식이 일반적인 취업 경로가 아니라는 것을 단박에 알 수 있을 것이다. 그럼에도 불구하고 내가 만약 이민을 오는 목적으로 뉴질랜드에 오고 싶어 했다면 무엇을 준비했을까 생각하면 몇 가지가 떠오른다.

아이엘츠(IELTS) 준비하기

넘칠 만큼 강조해도 부족하지 않은 것, 바로 영어실력이다. 아이엘츠(International English Language Testing System)는 뉴질랜드로 이민 올 때 영주권 심사 시 영어를 얼마나 잘하느냐에 대한 기준을 통과할 때 필요한 시험이다. 뉴질랜드를 포함한 연영방 국가들(영국, 호주, 캐나다 등)에서 이 시험 점수를 인정하는데, 유학을 할 때나, 취직 또는 비자 신청을 할 때나 비영어권 나라 사람이 갖춰야 하는 첫 번째 조건이다. 한국에서 본인의 상황에 맞게 아이엘츠 점수 5.5에서 7.0을 미리 준비해서 뉴질랜드에서 취업이나 유학과정을 밟을 때, 아이엘츠 때문에 학교 등록을 1년 뒤로 미뤄야 하는 등의 시간 낭비와 돈 낭비가 만들어지지 않도록 하는 것이 좋다. 게다가 해외에서 적응을 잘하는 사람은 아무래도 의사 소통을 잘하는 사람일 확률이 높으므로, 이민을 올 생각이라면 영어에 대해 한번쯤은 각오하는 것이 좋다.

정착하려는 도시에서 두세 달간 살아보기

해외 취업 및 이민을 오려는 나라를 답사하겠다고 일주일만 있다가 가는 경우가 있다. 하지만 이는 그 나라의 좋은 점만 훑고 가는 것밖에 되지 않는다. 이민을 진지하게 고려하는 가족 단위라면, 최소 한 달간(넉넉하게 두세 달간) 도시에서 살아보고 그 나라가 어떤 분위기의 라이프 스타일을 가지고 있는지 사전 답사 하는 것을 추천한다. 인종 차별, 생활의 불편함을 느끼고 뉴질랜드의 안 좋은 부분까지 경험함에도 불구하고 자신이 여기서 어떻게 살 수 있겠구나 하고 머리에 '그림'이 그려져야 순조로운 생활이 가능하다. 한 달 동안 여기 나라 사람들은 어떻게 취업하는지, 현지 잡 에이전시나 뉴질랜드에서 실제로 일하는 사람들을 만나며 이야기하고 조언을 구한다면 많은 도움이 될 것이다.

뉴질랜드에서 필요로 하는 직업군 조사하기

뉴질랜드에는 장기 부족 직업군(Long-term skill shortage)이라 하여, 모자란 직업군의 인력을 해외 인력으로 보충하기 위해 비자를 비교적 쉽게 받을 수 있게 한 직업군이 있다. IT 프로그래밍, 셰프, 멀티미디어 디자인, 빌더, 전기 기술사, 목수 등이 있는데 이 직업 리스트는 직업 고용상태에 따라 바뀔 수 있다.[6]

경력 없이 뉴질랜드로 이민 오고자 하는 경우, 유학원이나 이민 상담원에서 '셰프' 직업을 추천하는 경우를 볼 수 있다. 딱히 요리사 경력이 없어도 영어 점수만 있으면 학교 입학이 수월하고, 요리사 유학 공부를 마친 후 비교적 일자리를 쉽게 구할 수 있는 점, 장기 부족 직업군에 속하기 때문에 비자도 쉽게 받을 수 있다고 홍보하는 것이 바로 이러한 이유에서다. 일을 하기 위해 합법적인 비자를 쉽게 받느냐 받지 못하냐가 해외 취업과 이민에 가장 크게 영향을 미친다. 혹시 일찍부터 뉴질랜드로 오고자 하는 목적 하나만 가

---

6) http://skillshortages.immigration.govt.nz/?_ga=2.185955497.1234346071.1536094517-1393922402.1535871322에서 부족 직업군 리스트를 볼 수 있으며 뉴질랜드 고용 상태에 따라 이 직업군이 바뀔 가능성이 있다.

진 학생이 있다면 딱히 하고 싶은 일이 없고 무슨 일을 하고 살지 고민될 때, 뉴질랜드에서 장기적으로 부족한 직업군이 무엇인지 조사를 하여 대학 공부 방향이나 취업을 그 직업군 내에서 잡는 것도 고려해볼 만하다.

기술과 경력

경력은 영어만큼 토종 한국인이 해외 취업에 도전하는데 중요한 1순위라고 강조해도 부족함이 없다. 한국에서 대학을 갓 졸업하고 해외 취업에 뛰어드는 것은 수영을 잘 못 하는 사람이 구명조끼 없이 바다 한가운데에 뛰어드는 것만큼 무모한 일이라 생각한다. 물론, 그런 어려움을 헤쳐 나가는 멋진 친구들도 있다. 하지만 현지에서 갓 졸업한 졸업생들도 취직하기가 어려운 마당에 영어실력까지 갖춰야 하는 외국인이 경력 면에서 현지인보다 뛰어나지 않으면 아무리 값싸게 일한다고 해도 뽑을 이유를 찾기 어려운 경쟁력 없는 사람이 될 수 있다.

제일 생각해볼 만한 무난한 해외 취업 경로는 한국에 상주하는 외국계 기업을 다니다가 다른 나라에 있는 같은 회사로 전직을 시도하는 방법이다. 뉴질랜드에서는 정말 유명한 대기업에서 일한 경력이 아니라면 한국에서 다녔던 회사 네임벨류는 전혀 신경 쓰지 않는다. 반대로 말하자면 오로지 실력으로만 가늠하기 때문에, 소규모 기업에서 일한 경험만 있다고 하더라도 해외에서 취업이 안 되리라는 법은 없다.

더불어 본인이 가진 기술이 뉴질랜드 시장에서 많이 요구하는 기술인지 조사를 할 필요가 있다. 구직 웹사이트에서 검색하여 나오는 결과의 수로 가늠할 수 있다. 특별한 기술을 요하는 전문직 경력과 학력이 있다면, 자기 기술을 더 특화시켜 뉴질랜드에서 비슷한 직종으로 직업을 찾는 것을 추천한다. 예를 들어, 목수나 전기 기술사, 배관공 같은 직업은 한국이라면 3D 직종이라며 천대받을 만한 직업이지만 뉴질랜드에서는 없어서 고용 못 할 정도로 의외로 좋은 직종이다. 부족 직업군의 경력을 오랫동안 가지고 있고, 외국인도 알 만한 회사의 경력이 있다면 과감히 한국인 회사가 아닌 키위 회사에 직접 도전해보는 것도 하나의 방법이다.

리서치, 리서치, 리서치

지금은 인터넷, 유학원, 이민 법률 사무소를 통해 한국에서도 충분히 정보를 얻을 수 있다. 자주 바뀌는 이민법과 학교 입학 조건, 해외 취업에 대해 정확한 자료를 알아보려면, 네이버나 다음 같은 한국의 포털 웹사이트에서 찾는 정보보다 직접 정보가 작성된 뉴질랜드 이민성이나 뉴질랜드 웹사이트에서 찾는 것이 더 신뢰성이 높다. 또는, 뉴질랜드 이민과 유학 등을 전문적으로 하는 곳을 알아봐서 상담을 받는 것도 한 방법이 될 수 있다. 현지 내의 사정이 어떻게 돌아가는지 현지 사이트를 검색해서 동향을 알아보면 도움을 받을 수 있지 않을까?

뉴질랜드로 해외 취업을 하는 경우는 대부분 이민을 목적으로 하는 경우가 많다. 나라의 규모 면이나 특성상 비지니스를 위해 굳이 찾아오기에 뉴질랜드 시장은 매우 작다. 가족의 행복과 아이들에게 더 나은 교육을 제공하기 위해, 최근에는 자연 환경까지 고려해서 찾는 곳이 뉴질랜드다. 20대 초반 젊은 분이 이곳에서 취업하고 싶다면 혼자서라도 고생해서 무작정 뉴질랜드에 발 붙이고 많이 경험해보라 권할 것이다. 하지만 나이가 있고 어린 가족 구성원이 있는 가정이라면 말이야 쉽지, 솔직히 해외 취업, 이민에 대해 실패할까 두려워하는 것은 너무나 당연한 현실이다.

가족 이민은 자기 자신만 좋다고 해서 이민에 성공하는 것이 아니라고 생각한다. 아내(남편), 아이들과 같이 이민을 오게 된다면 감수해야 하는 것들, 달라질 환경에 대해 신중히 고민해보고 함께 의논해봐야 한다. 아이의 영어 공부와 미래를 위해 엄마와 아이가 먼저 뉴질랜드에 정착하는 기러기 가족을 생각하는 것은 아주 신중히 생각해볼 것을 권유한다. 두세 달 정도의 단기면 모를까, 1년이 넘어가는 분리된 가족 생활은 가족의 안녕을 위해서라도 추천하지 않고 싶은 개인적인 입장이다.

이민을 갈 것이라는 확신에, 한국에 가지고 있는 모든 재산이나 일을 다 접고 뉴질랜드로 이민 왔다가 생각지 못한 부분에서 실망하거나, 외부요인으로 인해 잘 안 될 경우가 있다. 최상의 시나리오 외에, 차선책, 차차선책, 차악을 생각해서 한국에 돌아간다 하더라도 다시 시작할 수 있는 경우의 수를 만들어 놓으면 이민에 대한 부담이 덜할 것이다. 잘 풀리지 않더라도 시도는 했으니 좋은 경험이었다고 생각하고 털어낼 수 있는 마음가짐이 더 중요하다.

08
뉴질랜드 비자의 종류,
당신이 올 수 있는 방법

○ ○ ○

해외 취업과 이민이 성공이냐 아니냐를 따지는 기준은 비자 상태일 것이다. 뉴질랜드 비자는 다양하고 자신의 처한 상황마다 다르기 때문에 이 책에서 모든 비자를 나열할 수는 없다. 하지만 가장 일반적으로 신청하는 비자들을 요약해보았다. 비자에 대한 더욱 자세한 설명을 원한다면 비자업무를 진행할 수 있는 이민 법무사나 유학원으로부터 상담 받는 것을 추천한다.

방문 비자

비지터(Visitor) 비자라고 하여, 한국과 뉴질랜드 비자 협정으로 3개월에서 최대 9개월까지 체류할 수 있다. 비지터 비자 조건은 일은 할 수 없지만, 친척 방문이나, 관광을 목적으로 체류하는 사람들에게 주어지는것이 비지터 비자이다.

학생 비자

뉴질랜드에서 공부하고자 하는 사람들이 받는 비자다. 3개월 이하 어학 연수나 단기 코스는 학생 비자가 필요 없으며, 3개월 이상인 경우 학생 비자를 신청해야 한다. 학생비자를 신청하려면 공부할 수 있는 재정을 갖춘 증명 및 입학 허가 등을 준비해야 한다. 학생 비자를 받아서 초, 중, 고 대학 그리고 유학 및 디플로마, 어학 연수 등을 할 수 있다.

학생 비자로 있을 경우, 어학원에 14주 이상 등록하거나 디플로마 과정을 신청하게 되면 주당 20시간의 파트 타임이 가능하다. 고등학교 이하 자녀의 경우, 가디언(보호자) 비자라고 하여 부모 중 1명에게 자녀가 공부하는 기간과 같은 기간으로 뉴질랜드에 머물 수 있도록 지원할 수 있는 비자가 있다. (학생 비자 내에는 교환 학생 비자 및 다른 비자들도 있으나, 가장 일반적인 학생 비자는 Fee paying student visa이다.)

워크 비자

워크 비자에는 여러 가지가 있으나 크게 잡 오퍼(Job Offer-취직 합격 통보)를 받은 경우와 받지 않은 경우로 나눌 수 있다.

1)잡 오퍼를 받지 않은 경우

- **워킹홀리데이 비자:** 만 18세부터 30세까지 신청할 수 있으며 매년 3천 명의 비자를 접수한다. 이 비자는 입국 날짜로부터 1년까지 머물 수 있으며, 공부를 할 경우 최장 6개월까지 할 수 있고, 일을 할 경우에는 한 고용주 밑에서 최장 12개월까지 일을 할 수 있다. 온라인으로만 지원할 수 있으며 매년 특정 기간 동안에만 받는다.[7]

- **포스트 스터디 워크 비자(Post study work visa):** 2018년 11월 26일부터 변경 된 이민법에 의하면 학생 비자로 인정받을 만한 학위를 뉴질랜드에서 먼저 이수한 후 받을 수 있는 최소 1년에서 최대 3년까지의 비자다. 코스 이수 후 3개월 이내에 비자를 신청해야 하며, 이 비자를 받은 후 뉴질랜드 내에 어떠한 일이든 할 수 있도록 지원해주는 비자다. 대부분 학생 비자를 먼저 발급받아 유학을 한 후, 이 비자를 뒤이어 발급받고 구직을 하는 경우가 많으며, 유학 후 이민이라는 절차로 이민을 오려는 사람들이 가장 많이 활용하는 방식이다. 이수받는 과정과 지역에 따라 1, 2년 길게는 3년 워크비자를 한꺼번에 받을 수 있다.

- **사업가 워크 비자(Entrepreneur work Visa 사업 이민이라고 불리기**

---

7) https://www.immigration.govt.nz/new-zealand-visas/apply-for-a-visa/visa-factsheet/korea-working-holiday-visa#overview

도 한다): 한국에서 사업을 해본 사람이 뉴질랜드에서 사업을 사거나 설립할 때 신청할 수 있는 비자이며, 최소 NZD $100,000 금액의 자본 투자를 반드시 만들어야 한다. 과학이나 ICT 또는 이노베이션, 수출 분야 등은 자본 투자 금액이 달라질 수 있고, 창업 및 자신이 구매하려는 비지니스에 대한 계획을 제출해야 한다. 첫 12개월의 기한을 주어 창업을 위한 준비의 시간을 가진 후, 이민성에 창업에 대한 준비가 끝난 것에 대한 증명을 보여주면 24개월의 비자 기간을 더 늘릴 수 있다. 이 비자로 파트너나 자녀에 대한 비자를 함께 해결할 수 있다.

이 비자를 가지고 2년 이상 사업을 유지하고 이민성에서 요구하는 일정한 수업이 증명 되었을 시, 사업가 영주권 비자(Entrepreneur Resident Visa)를 지원할 수 있으며, 2년을 채우지 않고 영주권을 지원하려면 사업 투자비로 최소 NZD $500,000(5억 정도)의 지출과 뉴질랜드에서 3명의 고용 수가 충족되어야 한다. 사업 밑천이 있고 뉴질랜드에서 자영업을 생각하는 사람이 고려해볼 만한 비자다.

2) 잡 오퍼를 받은 경우

- **에센셜 스킬 워크 비자(Essential skill work visa)**: 자신이 가지고 있는 기술직으로 풀 타임 잡 오퍼를 받은 외국인이 단기적으로 일하고자 할 때 신청할 수 있다. 자기가 가지고 있는 학력, 기술과 경력

이 잡 오퍼를 받은 것과 같아야 하며, ANZSCO(Australian and New Zealand Standard Classification of Occupations)라는 직업 증명에 서술한대로 자신이 가지고 있는 조건에 따라 비자 기간이 정해진다. 다만, 자신을 고용하려는 고용주가 자국민을 먼저 고용하려 노력해야 했다는 증명이 되어야 한다.[8]

- **장기 기술 부족군 워크 비자**: 뉴질랜드의 장기 기술 부족군 리스트에 있는 기술을 가진 사람이 관련 학위와 경험을 가지고 풀 타임 잡 오퍼를 받은 경우 30개월을 머물 수 있는 비자를 받을 수 있다. 이 비자를 받은 이후 24개월 이상 일을 하면 영주권 비자를 신청할 수 있다. 장기 기술 부족군 리스트는 아래 링크에서 확인할 수 있다.[9]

- **탈렌트 비자**(Talent visa - accredited employer): 공인된 기업에서 잡 오퍼를 받은 경우 30개월을 머물 수 있는 비자를 신청할 수 있다. 이 비자가 승인된 이후 공인된 기업에서 2년 이상 일을 하면 영주권 비자를 신청할 수 있으며 최소 연 NZD $55,000 이상을 기업에서 연봉으로 받아야 한다.

- **탈렌트 비자**(Talent visa - Arts, Culture, Sports): 자신이 예술, 문화,

---

8) http://www.abs.gov.au/ausstats/abs@.nsf/Latestproducts/1220.0Search02013,%20Version%201.2
9) http://www.abs.gov.au/ausstats/abs@.nsf/Lookup/1220.0Chapter32013,%20Version%201.2

스포츠 등 전문적인 분야에서 공인된 자격이 증명 된 사람이 신청
할 수 있는 비자다. 어워드나, 대회 출전 및 수상, 기업에서의 지원
등의 증거 자료를 제출해야 하며, 뉴질랜드의 조직 및 기구에서 서
포트를 받아야 하는 증명을 제출해야 한다.

이민 비자

이민 비자는 투자 또는 기술 이민으로 뉴질랜드에서 평생 살기 위한 목적
으로 신청하는 비자다.

- 기술 이민(Skilled Migrant Category Resident Visa): 뉴질랜드에 경
제적인 이익을 줄 수 있는 기술을 가지고 있는 사람이 뉴질랜드로
이민을 오고자 할 때 신청할 수 있다. 이 비자를 신청하기 위해서
는 EOI(Expression of Interest)이라는 포인트가 최소 160점이 넘어
야 유리하며(EOI 점수 체크 웹사이트 참고[10]), 이를 이민성에 제출
하고 선택 될 경우, 포인트에 대한 증명 서류를 준비하라는 통보를
받게 된다. 통보를 받은 후부터 4개월 안에 제출해야 하며, 제출 후
확정되어 통보가 오기까지 꽤 오랜 시간이 걸리므로 모든 프로세

---

10) https://www.immigration.govt.nz/new-zealand-visas/apply-for-a-visa/tools-and-informa-
tion/tools/points-indicator-smc-28aug

스 과정을 9개월 이상 잡는 것이 좋다.

- **투자 이민(투자자 1 타입):** 최소 NZD 10밀리언달러, 투자를 3년 기간 동안 유지할 경우 영주권을 얻을 수 있는 비자이며, 파트너 및 자녀들도 이 비자에 포함할 수 있다.

- **투자 이민(투자자 2 타입):** 사업을 해본 경험이 있는 사람이 최소 NZD 3밀리언달러, 4년의 기간 동안 투자할 경우 신청할 수 있는 비자이며 65세 이하여야 한다. EOI 포인트가 최소 20 포인트가 넘어야 하고, 최소 비지니스 경험이 3년 이상 되어야 한다. 신청 후 비자 신청을 충족할 수 있는 증거를 제출해야 한다.

그 외

- **뉴질랜드 파트너 이민:** 자신의 파트너의 국적이 뉴질랜드 시민권이나 영주권을 소지하고 있을 때 파트너의 지원을 받아 파트너십 비자를 신청할 수 있다. 파트너로 증명하기 위해서는 합법적이거나 안정적인 파트너 관계를 가지며 살고 있어야 하며, 1년 이상 계속적으로 파트너십을 유지하면 그 이후로 영주권을 신청할 수 있다. 이를 증명하기 위해 가족의 서포트나 같이 살고 있다는 증거로 공동 명의 통장, 친구들의 추천, 같이 찍은 사진 등 여러 방법으로 증명할 수 있다. 호주 영주권을 가지고 있는 사람이 파트너인 경우에도 파트너십 비자를 발급받을 수 있는데, 반드시 뉴질랜드에서

살고 있어야 한다.

위에서 상술한 것 외에 종교 비자 및 가디언 비자 등 여러 가지 비자가 있으나 일반적으로 신청하는 비자들만을 나열했다. 각 비자에 대해 신청서 외에 필요한 서류들을 준비해야 한다.

이 중에서 뉴질랜드로 이민 또는 취업을 위해 흔하게 생각해보는 방법은 학생 비자를 먼저 받고, 오픈 비자를 받아서 구직 후 취업을 하는 방법인 '유학 후 이민', 자본금을 가지고 있다면 자신의 사업을 꾸린 후 2년 이상 꾸준한 사업을 하여 이민 신청을 하는 '사업가 워크 비자와 이민', 뉴질랜드에 도움이 될 만한 경력과 기술을 가진 사람이 EOI 포인트제를 신청하여 이민을 하는 '기술 이민' 등이 있다. 하지만 사람마다 가지고 있는 기술이 다르기 때문에 이 방법으로 신청할 수 없는 경우도 있다. 나의 경우는 에센셜 스킬 워크 비자를 두 번 받고, 이직하면서 공인 기업 탈렌트 비자로 옮겼다. 뉴질랜드 모든 비자 및 서류 준비에 대해 알아보려면 뉴질랜드 이민성[11]에서 알아볼 수 있다.

---

11) https://www.immigration.govt.nz/new-zealand-visas/options/work/all-work-visas

본격 뉴질랜드 회사 생활,
어엿한 직장인 되기

New Zealand

01
본격
회사 생활 적응기

○ ○ ○

운 좋게 취직한 첫 번째 키위 회사가 15명 남짓의 작은 규모였다면 이직한 곳은 그보다 10배는 더 많은, 직원과 다른 나라에도 지사가 있을 정도로 그전과는 비교가 안 되는 큰 규모의 회사였다. 한국에서는 대기업 취직에 전혀 관심이 없었고, 맞지도 않는 대기업 문화 때문에 취업 할 생각도 없었는데 영어도 잘 못 하는 내가 이렇게 큰 키위 회사에서 일을 하게 된 사실이 믿기지 않았다.

이메일 설정과 보안 유출을 하지 않겠다는 일반적인 규칙에 대한 계약서와 회사에 대한 정보 등이 담긴 신입사원 키트(Kit)를 받았다. 입사 후, 하루 이틀은 컴퓨터 세팅과 이메일 및 사내 규칙과 회사에 익숙해지도록 했고, 그

후 거의 한달간은 다른 여러 부서의 사람들과 일대일 미팅을 잡아 회사가 무슨 일을 하는지 전반적으로 알아가는 기회를 가졌다. 회사는 친절하게도 업무를 바로 주지 않고 시간을 두어 내가 업무에 적응할 수 있도록 배려해주었다. 하지만 나의 '한국인 마인드'로 인해 일을 빨리 익혀 다른 직원들에게 '잘 보여야' 한다는 생각에 첫날부터 열정적으로 업무에 필요한 지식을 뇌에 꾸역꾸역 구겨 넣기 시작했다. 새로운 환경, 암호명 같은 정보들, 그리고 한 번도 듣도 보지 못한 생소한 영어 단어! 회사 내에서 익혀야 할 정보와 모르는 영어 단어들이 공책으로 한 바닥씩 쏟아져 나왔다. 약자는 또 왜 이렇게 많은지, 머리를 풀가동으로 돌리느라 정오만 되어도 금방 피곤해졌다.

일을 시작하면서 고충이 제일 컸던 것은 전화와 이메일 그리고 고도의 집중이 요구되는 미팅이다. 이메일을 한 통만 받아도 모르는 단어가 두세 개씩, 모르는 지식을 이해하고 답장하는 데 시간을 소비하느라 길게는 20분이 걸렸다. 온라인 영한 사전을 모니터에 항상 띄워놓는 것은 기본이요, 답장을 하더라도 제대로 문장을 작성하고 있는 것이 맞는지 매번 생각해야 했다. 문법이 틀린 건 아닌지 의심하지만 이메일 한 통을 붙잡고 마냥 매달릴 수 없기 때문에 상대방이 알아서 이해하기만을 기도하며 [Send] 이메일 보내기 버튼을 눌렀다.

전화 통화는 스트레스가 훨씬 컸다. 고객에게 전화를 걸기 전 항상 심호흡을 먼저 한 다음, 무슨 말을 해야 할지 머릿속에 준비 태세를 갖추어야 했다.

'인사를 먼저 하고, 내가 어디 회사의 누구인지 소개하고, 담당하는 담당자가 있는지 바꿔달라고 말해야지.'라며 머릿속에 시나리오를 짰다. 그렇게 고객이 전화를 받으면 목소리는 되도록이면 크고 또박또박하게 말하여 전화 건너편의 사람이 알아듣도록 발음하려 노력했다. (불시에 걸려오는 전화는 아직까지도 긴장이 된다.)

전화 통화가 스트레스가 제일 크다면, 단시간에 기를 쭉 빠지게 하는 것은 단연코 미팅이었다. 다국적의 사람들이 많이 다니는 회사이긴 하지만 주로 영어권(호주, 영국, 남아프리카 공화국)이 대부분이라, 참여하는 모든 미팅에 영어가 모국어가 아닌 사람은 나 혼자인 경우가 많았다. 그래서 직원들이 평소대로 회의를 진행하면 빠른 영어 대화와 함께 전문적인 테크니컬 이슈, 거기에 화상 통화까지 곁들어지면 머리가 새하얘지고 내가 뭘 들었는지 멍한 눈이 되기 일쑤였다. 감사하게도 같이 일하는 직원들은 내가 현지인만큼 이해를 하지 못해 놓치는 부분이 있을 때도 전부 이해했는지 나에게 한 번 더 물어봐주곤 했다. 내가 혹시 못 알아들어서 다시 이야기해 달라고 할 때도 짜증내지 않고, 친절하게 말을 다시 해주는 배려를 보여주었다.

외국인 신분으로서 일을 하는 데 있어 언어 장벽 때문에 어려움이 있었다면, 수평적 근무 환경에서 일을 하는 것은 나에게 많은 자유를 가져다 주었다. 높임말이 없는 영어의 언어적 영향 때문인지, 직급은 나이와 상관이 없고 나이가 어리다고 해서 의견을 내세우는 데에 지적을 받을 이유가 전혀 없었다. 한국에서 일을 했을 때는 '사원' 급에 해당하는 말투와 대우를 받았다면, 이곳에 회사 내에서는 모두가 동등한 대우를 받고, 부장급이나 임원급 정도의 회사 사람들과도 아주 자연스럽게 의견을 주고받을 수 있었다. 호칭에 있어서도 '부장님'이나 '대리님' 같은 직급보다 서로의 이름을 불렀다.

하지만, 가끔 나이가 너무 많은 직원한테는 내 안의 한국인 마인드가 튀어나와 이름을 불러야 하는데도 불구하고 'Sir'나 'Ma'am' 같이 높여 부르는 호칭을 쓰기도 했다. (실제로 그분은 정년 퇴임이 얼마 남지 않은 머리와 수염이 하얗게 센 분이셨다) 나는 공경하는 의미로 표현한 것인데, 그분은 마치 "왜 나한테 Sir라고 부르지?"라고 의아해하는 표정을 보이기도 했다. 그 이후로는 나이가 환갑이 넘든, 칠순이 넘든 회사 내에서는 무조건 이름으로 부르는 것으로 고쳐 나갔다. 한국에서 환갑이 넘는 분에게 이름을 부르며 반말했다면, 싸가지 없는 요즘 애들이라며 호통을 쳤을 일이다.

나이 말고도, 한 번은 직급 때문에 놀란 일이 있었다.

"여러분 안녕~ 다들 잘 지내지?"

새로운 일에 적응해가던 어느 날, 쾌청한 목소리로 인사하고 지나가는 중년 아저씨가 나타났다. '저 아저씨는 누구지? 뭐 저런 싱거운 사람이 있어' 하고 다시 컴퓨터 모니터에 집중하는데, 내 앞자리에 실루엣이 느껴졌다. 아까 그 아저씨였다.

"이제서야 처음 만나네. 내 이름은 피터."

인사하며 다니던 그 아저씨가 이번에는 나에게 악수를 청하는 것이다. "안녕? 근데 누구……?"

누군지 이 사람 좀 알려줄 수 없나요? 오리무중으로 다른 사람들에게 도움을 요청하는 듯한 눈으로 두리번거렸다. 피터라고 소개한 그 남자는 다행히 스스로 자기가 무슨 일을 하는지 친절히 알려주었다.

"나 여기서 CEO로 일해."

CEO라면…. 사장?! 한국인 마인드가 작동한 나는 군기가 바짝 든 것마냥 0.2초 만에 자리에 벌떡 일어나 악수를 받았다. 꽤 큰 규모의 회사 사장이 내 자리까지 와서 인사를 직접 하러 오다니! 믿을 수 없었다. 그러나 놀라운 CEO의 모습은 그 것이 끝이 아니었다.

점심을 나가서 먹으려고 회사 현관을 나서는 순간에도 그는 나를 놀래켰다. 현관 앞에 서 있었던 피터는 나를 보고서는 "오랫동안 못 봤네~" 하면서 나에게 덥석 다가와서는 프랑스식으로 볼에 인사를 건네는 것이 아닌가! 아무리 해외 기업이라지만, 너무 친근하신 거 아닌가요?! 친근해도 너무 친근한 사장의 행동에 어떻게 대처해야 할지 난감했다. 사장이 나를 대하듯 나도 같이 편하게 대하면 왠지 해고될 것 같은 으스스한 생각에 그의 의도와는 다르게 오히려 더 몸을 사릴 수밖에 없었다.

200명이 넘는 직원을 거느리는 CEO라는 직함을 가지게 되면 왠지 거만해질 것 같고, 권위를 누리고 싶어할 것 같은데 그는 전혀 그렇지 않았다. 생각할 것이 있으면 운동화를 신고 혼자 산책을 하고, 나를 보면 항상 해맑은 웃음, 친절하게 문도 열어주는 젠틀함까지 보여주었다. 뒤에 따라다니는 비서도 직원도 없었다. 게다가 그는 항상 칭찬을 아끼지 않았다. 안부를 물으면서, 어떤 일을 해내었을 때 쑥스러울 정도로 칭찬을 했고 그것을 다른 사람들이 꼭 알게끔 했다.

금요일 오후가 되면 딩동! 하고 날아오는 회사 전체 이메일, 매주 뉴스레터를 날리는 사람도 피터였다. 이번 주는 무슨 일이 있었고, 누가 휴가 중이고, 무슨 프로젝트가 진행 중인지 하나하나 가리지 않고 적어냈다. 회사 사람 중에 아기가 태어나면 아기 탄생했다고 축하한다는 말까지 꼭꼭 적은 우리 CEO. 가끔씩 짧게는 1달 내의 계획, 길게는 4년 내의 계획까지 회사가 어떻게 운영될 것인지 직원들에게 투명하게 공개했다. 아! 이런 것이 진정한 사장의 역할이구나 싶었다.

사장의 친근한 이미지 때문인지 시간이 지나면서 그를 대하는 긴장감은 많이 사그라 들었음에도 불구하고, 아직까지도 '사장은 접근하기 힘든 존재'라는 생각을 고치기가 힘들다. 다른 직원들은 사장과 대화도 잘만 하던데, 현지 직원들과 내가 마주하는 가장 큰 차이점이 혹시 '상하관계의 벽'을 깨지 못하는 것 때문이 아닐까 하는 생각도 든다. 내가 피터와 편하게 농담 따먹기 하며 대하기까지 얼마나 시간이 걸릴까? 이직 후 벌써 4년이 지났는데 아직도 어색한 걸 보면 4년은 더 있어 봐야 할 듯 하다.

02
겸손이 항상
미덕은 아니다

○ ○ ○

회사 내에서 기분이 언짢은 적이 있었다. 일의 난이도가 1이라면, 나는 1.5만큼 일을 할 수 있고 그럴 능력도 있는 것 같은데, 왠지 다른 직원들은 나를 0.5로만 보는 것 같은 느낌이 들었다. 이런 느낌은 내가 포함되어야 할 것 같은 미팅에 참석 인원으로 포함되지 않았던 사소한 일에서 발생했다. 주위의 다른 팀원들이 미팅 룸으로 들어가는데 나는 쏙 제외된 것이다. '내가 왜 포함되지 않은 걸까? 나를 빼고 할 프로젝트가 지금 없을 텐데?'

내 실력을 과소평가해서 제외한 것인지, 아니면 의사소통 실력이 부족해서 프로젝트에서 제외시킨 것인지 온갖 자격지심이 들었다. 끈질기게 나를 그 미팅에서 제외시킨 나름의 이유를 찾았다. 그렇게 찾은 스스로의 잠정적

결론은 영어였다. 그렇게 나는 '영어를 내가 잘했다면 이런 일은 없었겠지'라는 열등감에 사로 잡혔다. 그래서 현지인처럼 완벽한 영어를 하지 못한다면 다른 것으로 커버해야 한다는 강박관념에 성실함과 프로페셔널한 모습, 거기에 한국 인터넷만큼 빠른 속도의 일 처리, 조금 더 일터에 남아 오래 일하는 모습을 보여주려 했다. 그렇게 하면 내가 말하지 않아도 누군가는 알아줄 거라는 생각을 했다.

한국에서는 겸손이 미덕이다. 자신의 실력이 뛰어나서 그대로 표현하는 사람을 보면 한국 사람들의 대다수 반응은 "재수 없어" 혹은 "너무 나대는 거 아니니?", "너 잘났다"고 평가한다. 이 미덕은 한국 전체에 공공연하게 퍼져 있다. '오른손이 하는 일을 왼손이 모르게 하라', '침묵은 금', 이라는 속담이 심심치 않게 사용되고 있고, 차린 것 없다는 식탁에는 마치 전라남도식 반찬 가짓수 저리 가라 할 만큼 음식이 차려져 있다. 아름답다고 칭찬하면 자신은 못 생긴 편이라며 스스로 저평가하는 한국 여성들도 많다.

외국에서는 겸손도 중요하지만, 자신이 어떻게 생각하는지 의견을 표현하는 것이 훨씬 중요하다. 특히, 해외 취업을 하려는 사람들은 자기 스스로 PR을 하지 않으면 취직을 하기가 정말 쉽지 않다. 자신감을 보여주지 않는다는 것은 자기 실력에 자신이 없어서라고 판단하기 때문이다. 내가 초반에 인터뷰에서 많이 실패한 요인 중 가장 큰 이유도 너무 겸손한 나머지, 실력에 자신감이 없는 사람처럼 보였던 것이다.

한국 사회는 많은 사람들이 자격증을 가지고 있고, 일반적인 기술, 엑셀이나 파워포인트, 워드 등 기본으로 삼는 경우가 많아 정말 뛰어난 수준이 아니고서야 자신 스스로 잘한다고 하는 사람을 보기 매우 힘들다. 아주 잘해도 '조금 하는 편입니다'라고 말한다. 그렇게 말하니 다른 사람들도 그런가 보다 하고 평가하다가, 나중에 어떤 계기로 숨겨진 재능이 밝혀지면 같이 일했던 동료들은 깜짝 놀란다. "이렇게 잘하는데 왜 여태껏 말을 안 했어?" 그야 겸손해 하느라 말할 기회가 없었으니까요.

하지만 한국에서 평생 살아왔기에, 내가 가진 예절 및 관습은 그렇게 쉽게 고쳐지지 않는다. 특히, 여러 명이 참여하는 회의는 나의 '한국식 겸손'이 노골적으로 드러나는 시간이다. 머릿속에 일반 한국 회사의 회의 분위기를 떠올려 보겠다. 한 직원이 현재 진행상황에 대해서 발표하면, 사장이 자신의 입장과 의견에 대해 말하는 동시에 어떻게 방향을 갈지 대부분을 결정한다. 사장 외에 다른 직원들은 조용히 지켜보거나 끄덕끄덕 동의하는 것으로 회의 끝, 이런 진행 과정이 그려질 것이다. 하지만 해외에서는 그렇지 않았다. 한국에 비하면 해외 회사 미팅은 마치 도떼기시장마냥 모든 사람들이 나서서 한마디씩 말하는데, 당최 끼어드는 틈을 찾기가 어려울 정도로 빽빽하게 대화가 오간다. '저 사람 말 끝나고 나서 내 의견을 말해야지' 하고 끝날 때까지 기다리면, 또 다른 사람이 껴 들어서 이야기하고…. 겸손하고 예의 바른 한국인의 자세로 순서를 기다리다 보면 어느새 가마니가 되어 있는 나를 발견한다.

"혹시 하고 싶은 말 있어?"

미팅이 마무리될 때쯤 회사 직원이 한 마디도 못한 나에게 물어보면 삐쭉삐쭉하며 의견을 꺼내는데 얼마나 어색한지 모른다. 이럴 때는 나도 적극적으로 끼어들어야 하지 않을까 하며 다음 번 미팅을 기약하지만, 영어가 모국어인 사람들이 말을 빨리 하는 자리에 끼어 있다 보면 기회를 얻기가 힘들다.

실제로 말하지 않아도 일을 열심히 하면 남이 알아줄 거라고 기다렸다는 사람은 나 말고도 또 있었다. IMF 때 뉴질랜드로 이민을 와 회계사로 한 직장에서 10년 동안 일을 했던 한국 여성 회계사였다. 그분은 내가 비슷한 과정을 거칠 것에 대한 조언을 아끼지 않으셨는데, 10년 동안 아이 키우며 하루도 안 빠지고 열심히 일하면 남들이 알아줄 거란 생각이 알고 보면 부질없는 짓이라고 했다. 남들이 알아줬으면 하는 마음이 들면 열심히 일을 하되, 매니저에게 적극적으로 PR해야 하고 안 그러면 군이 그렇게 일을 혼자 열심히 할 필요가 없다고 조언해주셨다. 관두고 나니 자기가 왜 일을 그렇게 매달려 열심히 했는지 모르겠다는 생각이 들었다고 한다.

겸손은 어쩔 때 사용하면 잘 차려진 멋진 미덕으로 보인다. 하지만 해외에서 일하면서 살겠다고 마음 먹은 이상, 소극적이거나 겸손한 태도로 일관해서는 많은 것들이 해결되지 않는다는 점을 몸으로 부딪치며 깨달았다. 한국에서는 그렇게 해와도 '누군가 알아주겠지' 하며 살아도 상관이 없겠지만, 해외에서는 모든 게 불리한 점이 되었다. 해외에서 온 우리들은 언어부터 시작해서, 발음, 옷 차림, 행동, 버릇, 표정, 심지어 외모까지 다수가 아닌 소수에 속한다. 소수인 우리가 적극적으로 자신을 알리지 않고 자신감 있는 태도로 임하지 않으면 눈에 보이지 않는 불편함과 고정관념에 시달릴 수 있다. 겸손 때문에 내가 할 수 있는 역량이 저평가되길 원하는 사람은 없을 것이다.

이런 겸손과 소극성을 벗어나기 위해 사내에서 하는 친목 및 운동 등의 이벤트가 있다면 한번씩은 다 참여해보려고 했다. 점심시간 회사 내에서 하는 필라테스도 해보고, 건의 사항도 올려보고, 그룹끼리 산책하는 것도 참여했다. 그렇게 나를 알게 되고 대화를 하는 사람들은 나를 멀리서 바라본 것보다 더 좋은 호감으로 대하기 시작했다.

매니저와 일대일 면담을 가지게 되던 어느 날, 나는 겸손을 뿌리치고 드디어 솔직하게 내가 무엇을 잘하고, 할 수 있는 것은 어떤 것이며 무엇을 하고 싶은지 이야기했다. 그러자 매니저는 자기는 몰랐다고 하며 다음 번 프로젝트에 비슷한 일이 있으면 배정해주겠다고 하고 면담을 끝냈다. 참았던 말을 하니 속이 후련했다. 별것도 아닌 일에 왜 혼자 끙끙 앓았을까. 그러니 너무 겸손해하지 말고 자존감을 세워 잘하는 건 떳떳하게 표현하길 바란다. 생각하는 것보다 우리가 가진 능력은 자랑할 만하니 말이다.

03
씩리브,
아프면 회사에서 골골대지 말고 집에 가세요

○ ○ ○

6월부터 8월까지가 한국의 한창 더울 때인 여름 시즌이라면, 남반구에 위치한 뉴질랜드는 계절이 한국과는 정반대로 겨울 시즌이다. 날이 추워지면 슬슬 감기 증상으로 회사 내의 직원들은 하나둘씩 병가를 내고 사라지고는 하는데, 같은 팀에서 일하는 직원, 샘도 그중 하나였다. 그런 그가 감기를 달고 회사에 출근했다.

"샘, 너 목소리가 완전 쉬었어."

"응. 나도 알아. 콜록콜록~ 근데 집에 있기 싫어서 나왔어."

목이 잔뜩 쉰 목소리로 하는 얘기가 몸이 많이 나아졌지만 아직 감기가 다 나은 것은 아니고, 집에 있기 너무 지겨워서 회사에 나왔다고 한다. 샘 뒤로 바로 옆자리에 앉는 다른 직원이 출근했다. 그의 목소리를 듣자마자 그 직원은 샘을 담당하는 매니저에게 다가가 농담 반, 진담 반 이렇게 요청했다.

"빨리 샘 좀 조기 퇴근시켜 줘."

결국 샘은 회사로 출근한 지 30분도 채 못 있다가 강제 퇴근으로 다시 집으로 돌아가야 했다.

뉴질랜드의 씩리브(Sick Leave), 병가는 법적으로 정해져 있다. 고용한 곳에서 6개월 이상 일을 했다면 1년에 최소 5일은 병가로 쓸 수 있으며, 병가를 쓰는 동안 급여는 지급된다. 자신뿐만이 아닌 가족이 아프거나, 일원 중 누군가 부상당해서 돌봐야 할 상황이 왔을 때도 병가를 낼 수 있다. 다만 3일 연속 쓰게 된다면 회사에서 처방전이나 의사 소견서 등을 요청할 수 있는데, 처방전을 증명하는 것은 한국과 비슷하다. 만약 3일 이상 병가를 냈는데도 증명할 수 없으면 매니저의 재량과 회사에 판단에 따라 급여를 지급하지 않아도 된다고 법은 명시한다. 이 병가는 다음 해로 넘어가도 쌓일 수 있으며, 이 쌓인 병가는 대부분 최장 20일까지 보장하게 된다.

해외에서는 직원이 아픈 몸을 끌고 회사에 나와서 일하는 것에 대해 그다지 반가워하지 않는다. 반대로 기피하는 편이다. 감기같이 옮기 쉬운 질병은 한 공간에서 일함으로 인해 전염될 확률이 높고, 오히려 일의 효율을 반감시킨다는 것이 이들의 생각이다. 딱 잘라 말하면, 굳이 회사에 나와 다른 사람들에게 폐 끼치며 질병을 뿌리고 다니지 말라는 의미이기도 하다. 같이 일하는 직원들은 안 아플지 모르지만, 혹여 그 균이 옮겨가서 직원의 가족까지 2차 감염으로 걸릴 가능성이 있기 때문이다. 그래서 크게 아프지는 않고 일을 할 정도지만, 병의 전염성 때문에 걱정이 되면 재택근무를 하는 경우를 많이 볼 수 있다. 이 경우 컴퓨터와 인터넷만 있으면 되는 환경만 갖추어지고 일에 지장만 없으면 된다. 자녀나 다른 가족이 아파서 불가피하게 부모 중 한 명이 집 밖에 나갈 수 없는 상황에도 재택근무를 할 수 있는데, 전날이나 당일 자신을 관리하는 담당자에게 물어보면 흔쾌히 재택근무를 하도록 독려해 준다.

"걔네 너무 엄살 부리는 거 아니니?"

한국에서는 고열이나 감기가 심해야 하루 정도 쉴 수 있을까 말까 하는 것에 비하면, 어지럽거나 두통이 있어도 씩리브를 쓰는 이 나라 사람들을 보면 너무 관대하다고 생각할 수 있겠다. 나도 이런 생각 때문에, 한번은 기침은 좀 나지만 회사에 못 나올 정도로 아프지는 않은 감기를 달고 회사에 출근한 적이 있었다. 조금 몸 상태가 안 좋긴 해도, 회사에는 나올 수 있을 만큼 나는 '성실한 직원이 될 거야'라는 생각이 마음 한쪽에 자리 잡고 있었던 것 같다. 직원 중에 한 명이 내가 기침하는 모습을 보고서는, 집에서 쉬어야 되는 것 아니냐며 충고를 했지만, 자리에 돌아가 그렇게 심하게 아프지는 않으니 계속 일을 했고 그 다음 날이 되자 감기가 낫는 듯했다.

그러나 이튿날, 나와 가까운 자리에 앉아 있었던 한 남성 직원이 출근을 하지 않았다.

"혹시 이 사람 휴가 갔어?"

그 다음 날도, 그 다 다음날도 나오지 않아 다른 직원에게 물어보았더니

"얼마 전부터 감기에 걸려서 요새 통 못 나오고 있어."라 말하는 것이 아닌가. 생각해보니 내가 감기가 낫는 시기에 맞물려 그 남성이 아팠던 것이다. 그는 결국 일주일 후 다시 출근을 했는데, 내가 혹시 병을 전염시킨 건 아닌가 하는 생각에 왠지 모르게 미안한 마음이 들었다.

이는 병의 위중함이 어떻든 간에 아프면서도 꿋꿋이 회사에 나옴으로써 보여주는 충실함, 성실함을 강요받는 것이 지극히 현실인 한국의 안타까운 모습과는 매우 상반된다. 식은땀을 흘려가며 출근을 한 후 아픈 목소리로 골골대야 상사가 그제서야 "너 많이 아프구나? 집에 가서 쉬어"라며 검사를 받아야만 퇴근하고 쉴 수 있는 상황이 만들어진다. 하지만 반나절 쉬었다고 사람의 몸이 금방 나을 리가 없다. 다음 날은 회사에 빠지지 않기 위해 약 봉지를 입에 몇 개 털어 넣고 나오려 안간힘을 쓴다. 내일 아침에도 출근을 못 하면 들릴 것만 같은 환청과 싸우며 말이다.

"아니, 이렇게 다른 직원들 고생시키려고 또 빠지는 거야?" "○○씨 때문에 지금 일에 차질 있는 거 몰라?" "에휴, 이럴 때 아프고 말이야" 마치 아픈 것이 회사에 폐를 끼치는 것만 같은 그런 압박감. 아픈 것도 서러운데, 거기다가 스트레스까지 추가다.

개인적으로 충격적이었던 소식은 한 웹 커뮤니티에 한 개발자가 올린 글

이었다. 그 개발자는 암일 수도 있다는 진단을 받고 좀 더 정밀한 검사를 받기 위해 병원에 가야 하는 상황이었는데 그 와중에 상사가 하는 말이 너무나 쇼킹했다. 바로 '정밀 검사 받고 다시 회사로 출근해서 일을 끝내라'는 것이었다.

태움 문화로 회자되고 있는 간호사들의 근무 환경도 열악한 건 마찬가지다. 한국 병원의 근무 환경이 너무 힘들어 뉴질랜드로 와서 간호사로 일하는 친구가 겪었던 경험담을 들어보면 IT업계만큼 심하면 심했지, 더 나아 보이지는 않았다. 간호학을 공부하는 사람들은 '죽거나 쓰러지더라도 병원 문 앞에서 쓰러져라'는 말을 공공연하게 들었다고 했다. 친구가 아파서 병가를 내고 싶어도 인력이 모자라서, 휴무하는 사람이나 다른 일을 하는 간호사한테 전화를 돌려서 인력을 대체할 사람을 만들어놔야 쉴 수 있을 정도로 병가를 마음대로 쓸 수 없었다고 한다. 반대로, 직속 선배 간호사가 아파서 전화하면 휴무인데도 쉬지 못하고 일을 나갔다고 했다. 쉬고 싶다고 말했다가 선배로부터 후에 보복이 돌아올까 두려웠기 때문이다. 환자는 아프면 간호사가 간호해주지만, 아픈 간호사는 누가 간호해주는가? 한국 병원에 다니는 동안 그 친구는 스트레스와 무리한 근무 때문에 40키로 초반대의 몸무게로 몸이 앙상하게 말라 있었다고 한다.

그런 환경에서 도망치지 않으면 죽을 것 같아서 뛰쳐나온 지금, 그 친구의 삶은 매우 만족스러워 보인다. 뉴질랜드에서 일을 하는데 이제는 마음대로 아파도, 컨디션이 백 프로 좋지 않을 때도 씩리브를 쓴다며 만족해하며,

삐쩍 말랐었던 예전과는 달리 이제는 살을 빼야 한다며 몸 관리를 하는 중이다. 아플 때 눈치보지 않고 마음대로 아플 수 있는 것, 일하는 노동자로서 자유롭게 누릴 수 있어야 하는 최소한의 권리는 아닐까. 요새는 한국도 예전보다 많이 나아져 병가를 쓰지만, 그래도 회사가 바쁠 때 병가를 쓰면 눈치가 보이는 건 어쩔 수 없다.

04
당신이 야근을 하는 것은
매니저와 회사의 잘못이다

○ ○ ○

한국 직장인으로서 야근에 대해 할 말이 없는 사람이 과연 몇 명이나 될까? 군 전역한 남성들이 자신이 겪었던 군대 무용담을 멋들어지게 늘어놓는 것처럼, 한국 직장인에게 야근에 대한 무용담을 꺼내자면 전 세계 어느 나라 국가대표 저리 갈 만큼 할 말이 많은 주제가 아닐까 싶다.

이렇게 말이 나온 김에 나도 내가 가지고 있는 야근 무용담을 꺼내보고자 한다. 내 나이 21살, 대학에서 1학년을 마치고 다음 해 등록금을 벌어볼까 해서 대학교 휴학 후 1년 계약직으로 웹 에이전시에서 일했을 적의 이야기다. 에이전시라고 하면 말은 거창하지만 사장과 일러스트를 담당하는 직원 그리고 나까지 포함해서 세 명이 있는 작은 오피스텔 사무소였다. 나는 대학생

신분이고 계약직이기 때문에 나보다 일을 잘하는 사수가 잘 가르쳐주고 큰 일은 맡지 않을 거라 생각했지만 그것은 나의 희망사항일 뿐, 사수라고 불릴 만한 사람은 그 회사에 아무도 없었다. 사장은 내가 일을 생각보다 잘했던 모양인지, 일한 지 2주가 채 지나지도 않아 생전 다뤄보지 않았던 일을 주기 시작했고, 한 달쯤 되었을 때 사장은 일을 더 주다 못해 이번엔 한국 10대 기업이라고 꼽힐 만한 기업의 웹 사이트 수주를 따온 것을 나에게 맡기기에 이르렀다. 콘셉트 포함, 3달 내에 모든 홈페이지를 완성하라는 말도 안 되는 스케줄로 말이다.

지금 생각해보면 21살에, 웹이라곤 제대로 배우지도 않은 신입도 아주 신입인 사람에게 직속 상사 없이 대기업의 웹사이트를 제작하라고 맡긴 사장님도 참 대단하다는 생각이 든다. 그래도 엄청난 일이 주어졌으니 어린 나이에 어떻게든 해보겠다며, 나는 망망대해에서 작은 낚싯대 하나로 고래를 잡아 올리는 심정으로 안간힘을 썼다. 출근한 날은 회사에서 라디오를 친구 삼아 밤을 새고, 너무 피곤하면 회사 구석에 있는 라꾸라꾸 침대에 두세 시간 눈을 붙였다. 그렇게 쪽잠을 자고 일어나 다시 저녁까지 일을 한 다음, 씻어야 한다는 이유로 퇴근해서 집에 가서 쉴 수 있었다. 그리고 다음 날도, 그 다음 날도 출근해서 똑같은 일정을 반복하는 밤낮 없는 야근을 했다. 라디오에서는 하하가 "죽지 않아~"라며 소리를 지르는 동안, 나도 '죽지 않을 거야!'라며 악착같이 밤을 새며 일을 했다.

그렇게 한 달을 좀비처럼 지내면서 일이 좀 진정되어 그제서야 겨우 한숨

돌릴까 싶었더니, 그새 사장은 또 다른 웹 사이트 수주를 받아서 디자인 콘셉트를 해오라며 다른 일을 책상에 턱! 얹어주었다. 이번에도 규모 있는 대학교의 웹 사이트 수주였다. 아직 그 전 작업이 끝나지도 않았는데 겹쳐서 일을 주는 모습에 앞으로 1년간 이렇게 개처럼 일하라는 생각밖에 들지 않았다. 결국 1년 계약직은 커녕 4개월밖에 채우지 못하고 관둘 수밖에 없었다.

다른 회사의 사정은 앞의 사정보다는 나았지만 그래도 야근은 필수였다. 대학 졸업을 거치며 다닌 한국 IT 업체 회사는 그래도 그 웹 에이전시보다 훨씬 나은 대우를 받았음에도 불구하고, 프로젝트 막바지가 되면 야근은 당연한 일로 취급했다. 회사 특성상 일을 받은 업체 내부에서 일을 해야 했기 때문에, 서울 자취하는 곳에서 지방으로 새벽같이 출근하거나 또는 지방에서 고시원이나 숙소를 잡고 출퇴근을 하는 경우가 많았다. 일반적인 야근은 1시간이 조금 넘는 7시나 8시, 마감이 다가오는 경우에는 10시, 마감 전날은 회사 내에서 밤을 샌 후 그 다음 날 아침밥을 먹고 숙소로 들어갈 수 있었다.

해야 할 일이 없는 경우에도 팀워크라는 결의 아래, 같이 야근하는 것을 다른 직원들을 존중하는 매너로 삼았다. 서울에서 지방으로 매일 출퇴근하고 야근하면 집에 매번 10시 넘게 도착하니 친구도 만날 수 없고 아무것도 할 수 없는 일상이 이어졌다. 이사님께 울고불고 불만 표시를 해서 나만 겨우 정시에 가까운 시간에 퇴근하는 경우가 만들어졌음에도 불구하고 같은 직원들을 뒤에 두고 퇴근하기 미안했다. 그 당시 일을 같이하던 직원들은 나를 제외한 30대 개발자 분들이셨는데, 내가 만약 다른 직원처럼 가족이 있어서 책임을 져야 하는 가장이라면 내가 불만 표시를 할 수 있었을까? 그분들은 정시 퇴근하는 나를 어떻게 생각했을까 하는 생각에 미안한 기분이 드는 건 어쩔 수 없었다.

 IT업계는 한국 야근 문화의 심각성을 적나라하게 보여준다. 잊혀질 만하면 과로사로 숨진 개발자의 뉴스가 떴다. 특히 2010년 이후 게임업체 N사의 노동자들이 겪었던 야근은 뉴스에도 나올 정도로 어마무시하다.[1] 게임 출시 기간을 맞추기 위해 하루 최소 13시간 일했다고 하는 퇴직자들이 41%나 되었고, 과로사로 죽은 N사의 28세의 청년은 최소 주당 70시간에서 100시간 사이의 일을 했다고 한다. 그 전에도 이미 온라인을 통해 야근으로 인한 과로사나 병을 얻은 사례를 접하기도 했지만, 20대의 과로사는 단지 그 사람의 건강이 안 좋았다고 치부하기에는 납득할 수 없는 충격적인 경우였다.

 최근 한국 정부에서도 근무 시간을 줄이기 위해 노력 중이고, 실제로 '주 52시간 근로'가 2018년 7월부터 시행되기 시작했다. 2004년, 주 6일제에서 주 5일제로 근무제가 바뀌었을 때 이후로 14년 만의 일이다. 주 6일제에서 주 5일제로 넘어갔을 때와 비교해보면 근무 환경이 확실히 나아지고 있다고 생각한다. 이제는 토요일에 근무하는 것이 어색해지고 있으니 말이다. 하지

---

1) http://www.ohmynews.com/NWS_Web/View/at_pg.aspx?CNTN_CD=A0002366837

만 사람들이 일 이외의 삶의 중요성을 깨닫고 있는 와중에, 법은 깨닫는 시기보다 훨씬 늦게 찾아온다. 바꾸는데 오랜 시간이 걸린다는 점에서 아직까지 한국 야근 사회에서 벗어나려면 또 강산이 최소 한 번은 변하는 것을 기다릴 수밖에 없다.

물론 야근을 하면서 그나마 밝은 점을 꼽으라면, 실력이 단기간 내에 쑥쑥 올라간다는 것이다. 모니터 앞에 앉아서 일을 하는 시간의 비례만큼 실력이 는다고 생각하기 때문에, 취직 전선에 뛰어든 신입들은 입사한 회사에서 최소 2년은 야근을 하며 일을 해야 다음 단계로 넘어가는 실력을 쌓는다고 생각하고 참으며 일을 한다. 그리고 실제로 많은 경력자 분들이 이와 같이 조언하기도 한다. 나도 마찬가지로 웹 에이전시에서 뭣도 모르고 일한 겨우 3개월 남짓의 시간 동안 2배 정도 일을 배웠다고 생각한다. 하지만 '내가 웹 에이전시로 다시 취직을 할 수 있을까?'라는 질문에 대해서는 선뜻 답하기 힘들다. 그 당시에 겪었던 경험이 웹 에이전시로 취업하고 싶은 마음을 싹둑 잘라버렸기 때문이다.

뉴질랜드는 야근을 권유하지도, 하려고 하지도 않는다. 뉴질랜드는 가족이 우선이라 생각하고 집에서 가족들과 시간을 보내기 위해 근무 시간에 바짝 일을 하느라 바쁘다. 한국에서는 가장 높은 직급의 직원이 퇴근해야 그 뒤로 낮은 직급들이 퇴근을 하는데, 여기서는 정반대로 직급이 높은 사람들일수록 회사에 가장 오랫동안 남아 있다. 직급이 높을수록 더 복잡하고 일이 많아지니 야근을 해야 하는 상황이 생기는 것이다. 반대로 사원급은 하는 일이 정해져 있다 보니 빨리 퇴근을 하는 경우가 많으며, 자기 일이 끝나면 굳이 시간을 채울 필요 없이 퇴근하기도 한다. 뉴질랜드에서 일을 시작하고 난 이후 야근을 한 적은 열 손가락에 꼽힐 정도다. 내가 한 야근의 대부분은 일을 좀 더 한다기보다는 자발적으로 자기 개발 공부를 하기 위해 늦게까지 있는 경우였다.

한번은 다른 팀의 요청으로 저녁 7시가 넘도록 일을 한 적이 있었다. 매니저는 내가 퇴근한 줄 알고 퇴근했다가, 내가 여태껏 일을 하고 있다고 하니 저녁을 사 가지고 다시 회사로 출근해주었다. 저녁을 배달해주다니, 왠지 사려 깊게 대해 주는 것 같아서 고맙다는 생각이 들었고 그것만으로도 충분하다는 생각이 들었다.

하지만 매니저는 그것으로 끝나지 않고 어딘가로 전화를 걸었다. 다른 팀의 매니저였다. 그 매니저에게 수화기 너머로 우리 멤버가 야근하고 있는 거 알고 있냐고 말하면서 얼마나 일을 많이 준 거냐며 컴플레인을 걸었다. 우리 팀 멤버가 이렇게 예상치 못한 야근을 하도록 일을 맡긴 것에 대해 책임이 있다면서 말이다. 그 다음 날, 다른 팀 매니저가 찾아와 내가 이렇게 늦게까지 일을 해야 되는 것인지 자기는 몰랐다며 사과를 했다. 그리고 그날 다른 팀의 직원들까지 다 모아서 다 같이 야근을 해서 빨리 끝내도록 일정을 조율해주었다. 직장 매니저가 나를 위해서 다른 매니저에게 맞서는 행동이 실로 감동적으로 느껴진 순간이었다.

십 년도 훨씬 넘었던 그날, 웹 에이전시에 힘들어서 관두겠다고 했을 때 팔짱을 낀 채 실망조로 꺼낸 사장의 말이 아직까지도 잊히지 않는다.

"넌 잘 따라와서 오래 버틸 줄 알았는데."

나는 내 스스로 인내가 많지 않기 때문에 관두는 것이라고 생각하고 고개를 떨구었었다. 생각해보면 말도 안 되는 스케줄과 경력을 전혀 고려치 않고 일을 준 그 사장의 잘못임에도 불구하고 말이다. 다시 그때로 돌아간다면 죄책감 때문에 고개를 떨구지 않을 것이다. 그리고 사장에게 당당히 말할 것이다. 내가 관둘 수밖에 없었던 건, 당신을 위해 일하는 직원을 제대로 관리해주지 못하고 살인적인 야근을 시킨 것에 대한 당신의 관리 부족 탓이라고 말이다.

05
한국과는 다른
연봉 협상법

o o o o

　한국에서의 연봉 협상은 말만 협상이라고 하지, 공지에 가깝다. '회사가 어려우니 이번 연봉 협상은 동결' 또는 '이런 직급에는 이 정도 금액을 올리는 것이 회사 관례'라고 하는 식이다. 연봉에 대한 규칙이 잘 잡혀 있는 대기업이 아닌 이상 웬만한 작은 중소기업, 영세기업들은 정해진 규칙이 딱히 없다. 그것보다 일단 회사의 재정 상황이 괜찮고 봐야 연봉 협상을 할 수 있는 조건이 만들어진다.

　"○○씨, 올해 회사 사정이 너무 안 좋아서 말야…." 이런 말이 나오면 그해 연봉 협상은 동결된 것이라 보면 된다. 이런 경우는 직원으로서 연봉 협상에 대해 경험한 적이 없는 것도 문제이지만, 고용자의 입장에서도 어떻게 연봉 현상을 해야 할지 본인도 제대로 알지 못하는 경우가 많다. 그래서 해외 회사에서의 첫 연봉 협상이 어떻게 전개해 나갈지 살짝 기대됐다.

한국의 연봉 협상은 회계연도(1월 1일부터 12월 31일) 종료 후에 이루어지기 때문에, 대체적으로 1월에서 2월 사이에 연봉 협상을 한다. 하지만 뉴질랜드는 정반대의 계절처럼, 회계연도가 6월 말에 종료하므로 그 기간 이후 연봉 협상을 하는 편이다. (물론 회사마다 다르다.) 연봉 협상은 소규모 기업 같은 경우 사장이 직접 할 수도 있고, 큰 기업의 같은 경우 자신의 매니저와 일대일로 연봉 협상을 한다. 회사의 규모, 타입, 누구와 연봉 협상을 했는지에 따라서도 방법이 달라지기 때문에, 연봉 협상에 대한 과정은 순전히 내가 겪었던 경험을 바탕으로 작성하였다.

연봉 협상이라고 해서 다짜고짜 바로 금액을 이야기했을 것이라 예상하겠지만, 오히려 연봉 협상 과정에서 돈에 대한 이야기는 전혀 없었다. 대신 크게 두 가지를 보았다. 첫째, 자신이 한 해 동안 어떤 일을 했는지에 대한 리뷰와 둘째, 향후에 어떤 일을 할 것인지 목표를 설정하는 것이다.

한 해에 무슨 일이 있었는지 리뷰하는 과정에서는 전반적인 회사의 비전에 맞는 행동과 양식을 지켰는가에 대한 형식적인 질문을 했다. 예를 들어, 회사의 사람들과 서로 독려하며 존중했는가, 사내 규칙에 어긋나는 행동을 하지는 않았나 등이다. 연봉 협상에 직접적으로 연관되지는 않지만, 아무래도 조직이기 때문에 이런 절차적인 부분을 먼저 체크했다. 그리고 곧바로 개인적으로 자신이 한 작업들에 대한 리뷰하는 시간이 이어졌다. 나의 매니저는 세 가지 질문을 연봉 협상 전 미리 생각해오라고 했다.

—— 한 해 동안 만족했던 작업 세 가지 생각하기
—— 한 해 동안 만족하지 못했던 작업, 또는 더 잘할 수 있었던 작업 세 가지를 생각하기
—— 매니저가 좀 더 개선했으면 하는 것 생각하기

1년 동안 자기가 맡았던 여러 프로젝트들 중에서 왜 그 프로젝트에 만족했는지, 만족하지 않았는지를 이야기하는 시간을 가졌다. 프로젝트 단위가 아니더라도, 아주 사소한 작업이 만족스러웠다면 그것에 대해 코멘트를 하는 등 자유롭게 이야기할 수 있다. 예를 들면, 나 같은 경우엔 예전에는 한 가지 종류의 작업만 했다면 이번에는 다른 작업도 많이 할 수 있어서 흥미가 있었다는 것을 만족한 이유 중에 하나로 꼽았다. 두 번째는 가장 큰 규모의 고객 프로젝트에 한 일원이 되어 프로젝트를 마무리 지은 일을 꼽았고, 세 번째로는 마케팅 팀과 같이 일을 해서 다른 부서의 사람들과 같이 일을 했다는 것을 꼽았다. 이 세 가지를 다른 말로 요약하자면 하나, 새로운 기술 터득 / 둘, 큰 규모의 고객 프로젝트 완료 / 셋, 회사 직원들과의 협업에 만족했다는 대답을 한 것이다.

반대로, 한 해 동안 만족하지 못했던 작업들은 내가 왜 만족스럽지 않았는

지, 어떻게 하면 더 개선할 수 있었는지에 대해 이야기했다. 나의 또 다른 예를 들어보자. 첫 번째로 나는 큰 규모의 고객의 프로젝트 일부를 완수했지만, 완수하는 과정에 있어서 의사소통이 잘못 이루어진 경우 때문에 똑같은 일을 반복해서 했던 일을 꼽았다. 두 번째는 주어진 일만 하다 보니 너무 바빠 자기 개발 시간을 갖지 못했다는 것, 마지막으로는 주어진 일이 쌓이다 보니 처리하는 데 급급한 나머지 퀄리티가 떨어지는 작업물을 냈다는 것이다. 매니저는 이런 세 가지를 통해 나에게 필요한 것을 도출할 수 있는데 하나, 원활한 의사소통을 위한 매니저의 개입 및 다른 소통방법 고안 / 둘, 자기 개발 시간을 줄 것 / 셋, 퀄리티에 집중할 시간을 배정해줄 것 등이 그 것이다.

이렇게 지나간 해를 리뷰하고 나면 이 후로는 올해부터 어떤 목표를 설정하고 이룰 것인가에 대해 협상을 한다. 만약 현재 하고 있는 일에 불만이 있고 만족스럽지 않아 조금 다른 성격의 일을 하고 싶다면, 이 기회를 통해 발언하여 방향성을 바꿀 수도 있는 좋은 기회이기도 하다. 예를 들어, 이번 연도에는 좀 더 큰 규모의 일을 리드하고 싶다는 건의를 하면 매니저는 그 부분을 수렴해 다가오는 미래의 일감에 나에게 적합한 역할을 맡긴다는 식으로 피드백을 준다. 이를 통해 직원은 회사를 그만두려고 하지 않고 회사에 꾸준한 관심을 갖고 고취되어 일할 수 있도록 독려 받을 수 있다.

KPI(Key Performance Indicator)[2]는 미래의 목표를 설정하는 부분에서 쓰이는 방법론 중 하나다. 이는 한 해 동안 직원과 매니저가 함께 목표를 설정하고 그 목표를 위해 얼마나 노력했는지 측정하는 방법이다. 세일즈라면 실적을 현재보다 얼마 더 올리겠다는 것이 목표가 되겠고, 나 같은 디자이너라면 하나의 소프트웨어를 배워서 내년에는 자유롭게 쓸 수 있도록, 일터에서 자주 사용하면서 배우는 것이 목표가 될 수 있겠다. 마케터라면 회사를 홍보하기 위한 SNS를 페이스북만 사용했다면, 이번에는 인스타그램을 통해 홍보를 하는 것도 목표로 삼을 수 있다. 구체적일수록 이런 KPI는 빛을 발한다. 그래야 다음 번 연봉 협상에서 내가 이 KPI의 목표를 이루었는지 아닌지 알 수 있기 때문이다. 단지 "올해는 일을 열심히 하겠습니다"는 두리뭉실한 설정은 측정하기가 매우 어렵다.

다른 회사 같은 경우는 팀 내에서 함께 일하는 직원들을 통해 연봉 협상 대상자가 어떻게 일을 했는지에 대해 제삼자의 피드백을 받는다고도 한다. 직원이 매니저와 관계가 좋아서 매니저 선에서는 직원이 잘했다고 판단해도 같이 일한 직원들은 그렇게 생각하지 않을 수도 있고, 이런 기회를 통해 개선해야 할 점을 받아들일 수 있기 때문이다. 물론, 익명이 보장되어야 할 것이다.

---

2) https://www.klipfolio.com/resources/articles/what-is-a-key-performance-indicator

이렇게 연봉 협상 리뷰를 끝내면, 매니저와 자신 스스로 얼마만큼 잘했는 가를 판단한다.

Poor=부족하다, Average=보통, Good=좋음, Outstanding=뛰어남, Stella=스타 등 레벨을 나누어 체크를 하면, 이렇게 체크한 자신의 평가에 따라 이때서야 연봉이 몇 퍼센트가 오를 것인지 결정된다. 만약 자신이 연봉을 많이 받는 건지 아닌지 판단이 서지 않는다면, 뉴질랜드 커리어 관련 웹사이트에서 어떤 직업군이 얼마나 돈을 버는지 연봉대를 확인할 수 있으니 참고하면 좋다.[3] 대부분 3%에서 6% 사이로 매 해마다 연봉이 오르기 때문에, 키위들도 연봉을 크게 올리고 싶을 때 이직을 통해서 연봉을 올리는 방법을 쓴다고 하니, 연봉을 많이 받기 위해 이직하는 현상은 한국과 똑같다고 보면 된다.

연봉 협상에 대한 말이 나온 김에 연봉이 높은 직업에 대해서도 간단하게 알아보겠다. 한국의 연봉이 높은 직업들은 대부분 '사' 자가 들어간 직업과, 금융 계통 직업이다. 하지만 뉴질랜드의 연봉 평균을 보면 몇 직업군들은 한국과는 다르게 연봉 수준이 확연히 차이 나는 것을 볼 수 있는데, IT쪽과 건축 관련 업계가 그쪽이다.[4]

한국에서는 IT업계에 종사하는 사람들이 많아 연봉 수준이 낮은 데 비해, 뉴질랜드에서는 IT업계의 인재들을 높게 평가해 초반 연봉도 다른 직업군에

---

3) 고연봉 저연봉 기준 직업 정보: https://www.careers.govt.nz/jobs-database/whats-happening-in-the-job-market/who-earns-what/#cID_426
4) 직업군별 연봉 수준 참고 사이트: https://www.trademe.co.nz/jobs/salary-guide

비해 높게 시작하는 편이다. 뉴질랜드에서 몇 년 정도 실력을 쌓은 후 돈을 더 많이 벌기 위해 호주로 진출하는 키위 개발자들이 많아 실력이 좋은 개발자들을 찾기가 꽤 어렵기 때문이다. 그래서 기술만 된다면 영어는 그렇게 잘하지 못하더라도 실력이 좋은 외국인 개발자들을 고용을 하는 경우를 볼 수 있다. 그래서 한국에서 뉴질랜드로 이민이나 취업을 위해 오는 방법 중에 그나마 가장 진입 장벽이 낮은 직업이 바로 이공계 업종이라고 말할 수 있다.

해외에서 연봉 협상을 한 소감? 한국의 연봉 협상에서 실제로 금전적인 것에 대한 말이 오갔기 때문에 느꼈던 긴장감이나 불쾌함과는 달리, 돈에 대한 언급을 아예 하지 않았다는 점에서 연봉 협상이라기보다는 오히려 '퍼포먼스 리뷰'에 가까웠다. 그래서 작년 한 해 동안 내가 무엇을 했는가를 좀 더 깊게 뒤돌아볼 수 있었다. 연봉 협상 이후로는 무의식처럼 일을 하고 시간을 때우는 것보다, 다음 연봉 협상 때를 대비하기 위해서라도 오늘 하루 무엇을 할 것이고, 무엇을 했는지 한 줄이라도 적어놓는 습관을 기르게 되었다. 회사와 매니저가 함께 목표를 설정하고 어떻게 한 해를 보낼 것인지, 어떤 일을 하고 싶은지에 대해 함께 대화를 통해 고무되도록 하는 것만으로도 영혼 없이 다녔던 회사원들의 출근길을 좀 더 가볍게 하지는 않을까 하는 생각이 든다. 무조건 '연봉 동결!'을 외치는 것보다 말이다.

06
뉴질랜드의
연차와 휴가

○ ○ ○

"너 회사에서 안 짤리겠나?"

2년 전엔 5주간 아이슬란드와 영국, 작년엔 3주간 네팔과 일본, 올해는 5주간 유럽 여행까지…. 이 모든 게 회사를 관두지 않고도 다닐 수 있었던 해외 여행 기간이다. 엄마는 나의 긴 휴가로 직장에 잘리지는 않을까 걱정하지만, 한국에서는 일을 관두지 않고서는 가기 힘든 장기 휴가를 나는 회사를 관두지 않고도 매년 여행할 수 있었다.

뉴질랜드에서 풀 타임으로 일하는 직장 대부분의 피고용인들은 1년에 주말 포함 4주, 1달간의 연차가 주어진다. 12개월 이상 직장을 다닌 이후부터 사용 가능하며, 그 전에 휴가를 가려면 회사와 협의해야 한다. 연차를 쓰는 동안 급여는 지급되는데, 회사가 문을 닫는 상황이거나 연차를 1주 이상 급여 지급 없이 계속 쓰게 되는 경우는 제외한다. 연차를 그 해에 다 쓰지 않았다면 다음 해로 넘어가서 쌓인다. 씩리브, 병가는 이에 포함되지 않는다.

이들은 연차와 휴가를 어떻게 쓸까? 연차는 눈치보지 않고 쓰나, 3주 이상 써야 하는 장기 연차는 매니저에게 미리 공지를 하는 것이 매너다. HR(Human resource)팀, 인사과가 내부에 있다면 매니저들도 자기 직원의 장기 휴가에 대해서 HR팀에 알려야 하기 때문이다. 나는 최소 6개월 전부터 미리 고지를 했는데, 큰 사유가 아닌 이상 장기 연차를 쓰는 것에 대해 전혀 문제가 없었다. 다른 국가 출신의 직원이 많은 편이라 한번 휴가를 가면 오랫동안 가기 때문에, 이에 대해 자연스럽게 받아들이는 모습이었다.

한국의 휴가 시즌은 정해져 있다. 설날과 추석이 제일 큰 명절이라 이때 연차를 조금 더 써서 해외 여행을 가는 경우가 많고, 대체로 6월 말부터 8월 중순 사이에 여름 휴가로 많이 떠나는 편이다. 뉴질랜드에서는 추석과 설날이 없다. 대신, 이들에게는 12월 25일 크리스마스가 제일 큰 명절이다. 그 다음 날인 26일은 박싱데이(Boxing Day)로, 미국 블랙프라이데이처럼 전국 쇼핑몰들이 파격 세일을 한다. 이날도 공휴일로 지정되어 있어 이틀 연속의 휴가를 누릴 수 있다. 박싱데이가 지나면, 며칠 뒤 새해 첫날, 1월 1일은 한국처럼 공휴일이며, 그 다음 날인 1월 2일도 어떤 이유에서인지 새해 다음 날로 공휴일로 지정되어 있다.

자, 이제 뉴질랜드에서 연차를 쓴다면 언제 쓸지는 어느 정도 감이 올 것이다. 크리스마스와 새해 사이에 있는 12월 27일부터 12월 31일에 5일 정도 연차를 내게 되면 주말 포함, 2주 정도를 쓸 수 있다. 여기에 쌓아두었던 연차를 더 얹게 된다면 3주는 거뜬한 장기여행도 갈 수 있다. 많은 사람들이 이 기간에 휴가를 쓰니 회사들은 차라리 아예 문을 닫고 쉬기도 하는데, 내가 근무하는 회사도 교대 근무하는 사람을 제외하고 나머지는 사유가 있지 않은 이상 휴가를 이 기간에 쓰도록 권장한다.

이렇게 휴가가 길면 대부분 해외 여행이라도 할 것 같은데, 의외로 키위들은 국내에 머물면서 휴가를 지낸다. 지리상으로 가장 가까운 곳은 호주 시드니인데, 그 외의 다른 나라로 여행을 가려면 비행기 삯이 많이 나오고, 꽤 멀기 때문에 해외 여행 한번 하기는 쉽지 않다. 게다가 뉴질랜드의 여름 날씨는 정말 좋아서 키위들은 다른 나라에 가서 겨울을 지내는 것보다 근처 바다에서 수영하고 햇살을 즐기는 것을 좋아한다. 그래서 이 기간의 뉴질랜드 전국 캠핑장은 예약으로 만석이고, 바다는 사람들로 북적인다.

뉴질랜드의 크리스마스는 가족끼리 음식을 나눠먹고 게임을 하거나 대화하는 것이 일반적이며, 다른 나라와 별반 다르지 않다. 다만 미국과 영국과 같이 북반구에 있는 나라들은 화로 옆에서 따뜻한 스웨터를 입고 선물을 나눠 가지며 집 안에서 따뜻하게 보내는 화이트 크리스마스를 떠올린다면, 남반구인 호주와 뉴질랜드는 짧은 반바지에 쪼리를 신고, 바깥에서 바비큐를 해먹는 모습이 자연스러운 크리스마스의 모습이다. (크리스마스가 여름이라는 것은 아직까지도 이상하게 느껴진다.)

이렇게 크리스마스에 2주간 장기 휴가를 쓰고 나면 일터로 다시 돌아가는데, 몇 주 되지 않아 각 주(State)마다 있는 기념일이 있어서 그날도 공휴일로 쉬게 된다. 주 기념일을 쉽게 말하면, 마치 서울 기념일, 경기 기념일, 강원 기념일처럼 지역별로 쉬는 특이한 공휴일 제도다. 웰링턴 주 기념일은 매년 1월 셋째 주 월요일에 쉬고, 오클랜드 주 기념일은 매년 1월 넷째 주 월요일에 쉰다.[5] 그리고 얼마 되지 않아 와이탕이(Waitangi) 기념일, 마오리족과 이민족이 협상을 맺은 날을 기념하는 국가 공휴일이 2월 초에 있다. 연초에는 이런 연속적인 공휴일 때문에 1월은 거의 쉬는 달처럼 느껴지기도 한다.

이렇게 12월과 1월, 2월에 불태워 휴가를 보내고 나면, 뉴질랜드의 공휴일을 거의 다 써버려 쉬는 날은 그 뒤로 얼마 없다. 4월 즈음에 부활절이 있어 주말 포함 4일의 휴일이 있지만 그것이 마지막이다. 특히, 여왕 생일로 지정된 6월 첫째 주 월요일을 마지막으로, 10월 넷째 주 노동자의 날이 오기 전까지 공휴일 없는 기나긴 4달을 보내야 한다. 이 기간은 마치 땅을 파고 들어가는 암흑기처럼 느껴지기도 한다. 연초에 베짱이처럼 놀고 먹으며 여름을 마음껏 즐겼다면, 춥고 비가 오는 겨울에는 4달 동안이나 갇혀 지내게 되어 꽤

---

5) https://www.employment.govt.nz/leave-and-holidays/public-holidays/public-holidays-and-anniversary-dates/

활했던 키위들은 온데간데없이 사라지고 그저 겨울이 빨리 지나가기만을 바라며 다음 여름을 기다린다. 어떤 직원들은 이런 겨울에서 벗어나기 위해 그동안 모아놨던 연차를 써서 따뜻한 나라로 여행을 가기도 한다. 그나마 가까운 태평양에 있는 섬들, 피지나 통가, 인도네시아나 발리 등이 이들의 휴양지다. 한국의 법적 공휴일은 16일이니 뉴질랜드의 11일에 비하면 체감상으로도, 숫자로도 공휴일은 한국이 더 많다.

한국도 마음껏 쓸 수 있는 법적으로 주어진 연차 휴가가 있다. 하지만 2016년 온라인 여행사 익스피디아에서 조사한 수치에 따르면 15일을 모두 쓰는 일은 거의 없고, 평균적으로 8일을 쓰는 것으로 나타났다.[6] 가장 큰 이유로 43%는 빡빡한 업무 일정과 대체 인력이 부족해서, 30%는 배우자나 연인, 가족과 휴가 일정을 맞추기 어려워서, 25%는 휴가를 다 쓰면 회사로부터 불이익을 받을 것 같다는 이유였다. 한마디로 쓰고 싶어도 쓰지 못하는 상황에 울며 겨자 먹기로 휴가를 쓰지 못하는 것이다.

같이 일을 하는 직원들과 비교해보면 나는 확실히 최소 3주 이상의 장기 휴가를 매년 쓰는 '장기 휴가자'다. 왜 그런가 하고 생각해보면, 한국에서 쉬지 못했던 휴가에 대한 갈증을 모두 풀고자 했기 때문은 아닐까? 그 당시 내

---

6) https://brunch.co.kr/@expediakr/115

가 한국 회사에서 받았던 마지막 여름 휴가는 총 4일이었다.

이번 정부가 내놓은 근로기준법 개정을 보면 육아 휴직 기간, 1년 미만의 직원 연차 지급, 유급 휴가 보장 확대 등 불만이 많았던 부분을 줄이려는 내용이 포함 되었다고 한다. 한국에서 직장을 같이 다녔던 회사 직원의 이야기를 들어보면 요새 사회적인 분위기가 많이 누그러졌고 최근 대형 기업을 중심으로 연차 사용이 쉬워졌다고 하니, 10년이 다 되어가는 나의 한국 회사 경험과는 많이 다를 것이라 기대해본다.

07
다국적, 다문화 회사에서 일하면 생기는 흔한 에피소드

○ ○ ○

[추수감사절(Thanksgiving day)이 앞으로 일주일 남았습니다. 미국인과 캐나다인 외에 참여하고 싶으신 분들은 추수감사절 음식을 만들어오셔서 티룸(Tea room)에서 사람들과 나누어 먹도록 하겠습니다.]

호박파이, 로스트 된 터키 고기 그리고 각종 미국식 초콜릿과 디저트. 미국 출신과 그 영향권에 살았던 사람들이 한자리에 모여서 추수감사절을 기념하는 자리가 티 룸에 마련되었다.

"우리도 차이니즈 뉴이어(설날을 차이니즈 뉴이어라고 부른다)를 기념해야 하는 거 아냐?"

한 상 차려진 추수감사절 음식을 보며 같은 회사에 다니는 중국인 출신 직원에게 넋두리를 했지만, 차이니즈 뉴이어를 기념할 만한 출신의 직원이 많지 않아 그저 나만의 아이디어로만 그치고 말았다.

회사 내에 해외 출신인 직원들 비율은 다른 키위 회사에 비하면 꽤 높은 편이다. 회사 한편에 크게 배치된 세계 지도는 직원 이름이 꼽힌 위치를 통해 회사 직원들이 얼마나 다양한 곳에서 왔는지 알 수 있다. 우리 회사의 CEO는 아일랜드에서, 가장 패셔너블한 우리 회사 여성 직원은 영국 잉글랜드에서, 회계 및 회사 관리를 맡고 있는 정년 퇴직을 앞둔 직원은 독일에서, 최근 부쩍 친해진 프로그램 테스터는 인도에서 왔다. 게다가 비행기로 가는 데만 거의 이틀이 걸리는 아이슬란드에서 온 직원도 한 명 있다. 이처럼 출신이 전혀 다른 사람들이 한곳에 모여 일을 하고 있고, 다 합치면 20개 국가가넘는 출신의 직원들이 한곳에서 일하고 있다는 것이 놀라지 않을 수 없다.

다국적 기업이라고 말은 거창하지만 직장 생활은 어딜 가든 다 비슷한 느낌이다. 자기 자리에 앉아 일을 하면서도 가끔씩 소셜미디어나 쇼핑몰 웹사이트를 둘러보는 것, 뒷담화나 가십 얘기하는 것도 똑같고, 쇼핑하다가 상사가 뒤로 지나가면 재빠르게 화면을 돌리는 것도 어쩜 한국과 똑같다. 티 타임이라고 하여 아침과 점심 사이에 하는 아침 티, 점심 후 하는 오후 티, 한국말로 하면 다과 시간이 중간중간 있는데, 이런 다과 시간이 한국과 다르다면 다른 점이랄까? 아침 10시 30분이 되면 프랑스 출신 직원들이 티 타임을 가지며 수다를 떠는 것을 보며 역시 프랑스 사람들은 일을 여유롭게 하는구나 하고 생각했다.

"독일이 당연히 결승까지 가지 않을까?"

다국적 기업 때문에 생기는 에피소드들이 몇 가지 있다. 2018년 러시아에서 열린 축구 월드컵이 그중 하나였다. 2014년 브라질 월드컵 때 독일이 우승했기 때문에, 회사 내 독일 출신 직원들은 월드컵 경기에 상당히 고무되어 있었다. 독일이 속한 팀에는 약체국들이 있었기 때문에 최소 4강까지는 가지 않을까 하는 생각이었던 것이다. 한국도 독일과 같은 팀에 속해 있었다.

"응 나도 독일이 이길 것 같아." 아무리 한국 사람이라도 솔직히 한국이 질 확률이 높은 경기를 하고 실제로 지면 실망할까봐 독일 대 한국 경기도 보지 않고 그냥 잠에 들었다.

하지만 자고 일어나니 스포츠란은 그야말로 충격 그 자체였다. 충격적인 뉴스의 주인공이 될 거라고 생각하지도 못했던 독일이 한국이라는 약체국을 상대로 2:0로 졌다는 소식이 온라인 뉴스에 크게 장식되고 있었다. 출근 다음 날, 웬만하면 얼굴의 안색이 변하지 않는 독일 출신 직원들의 얼굴이 그다지 밝아 보이지 않았다. 아, 눈치가 보였다. 축구라면 영국만큼 눈에 불을 켜는 사람들이 이 사람들 아니던가.

'직원들이 기분 나빠하면 어쩌지…' 하며 속으로 걱정이 되었다. 하지만 걱정한 것과는 달리 독일 출신의 회계담당자가 다가오며 오히려 축하한다며 인사를 건넸다. 휴, 안심이 되었다.

다른 축구 경기도 그랬다. 티 룸에 모여 TV를 시청하는데, 겉으로 응원을 하고 있지는 않았지만 각자 속으로 응원하고 있는 것이 느껴졌다. 뒷짐을 지고 바라보는 그 손들이 불끈불끈 힘이 주어졌다.

이런 귀여운 사람들! 프랑스 직원들은 다른 출신의 직원들을 위해서라도 이겨도 크게 기뻐하지는 않았지만, 입꼬리가 귀에 걸린 것마냥 얼굴은 웃고 있었다. 그리고 그 다음 날에는 승리를 기념하여 직접 프랑스 국기 색으로 케이크를 만들어 회사 전체에 돌리기도 했다.

다국적 기업은 세일즈에 필요한 언어도 회사 내에서 바로 구할 수 있었다. 잠재적 가능성은 높지만 아직까지 언어와 문화적 차이로 인해 장벽이 높은 시장들이 많다. 그래서 이런 시장을 적극적으로 노리기 위해 각 나라의 언어가 필요한 경우가 많은데, 여러 나라 출신의 사람들이 직원으로 일하고 있으니 웬만한 언어는 회사 내에서 찾을 수 있었다.

"혹시 중국어 가능한 사람?",

"우리 회사에 있는 프랑스 사람들한테 도움 요청해 봐."

회사 전체로 이메일을 날려보면 건너 건너 생소한 언어를 하는 사람을 쉽게 찾아서 번역에 대한 조언을 구할 수 있었다. 다국적 기업이기 때문에 하나의 주제에 다양한 의견이 오갈 때도 정해 놓은 프레임을 깨는 의견들이 오갔다. 날짜를 표기하는 문제나, 동양에서는 왜 해는 빨간색으로 달은 노란색으로 칠하는지, 시각적으로 표현하는 직업상 특별히 색이 의미하는 문화적 차이를 생각할 수 있었다. 빨간색은 중국에서는 행운을 상징하는 반면, 보라색은 죽음에 가까운 색이라고 하여 기피하는 색상이다. 인도나 스리랑카는 한국처럼 하나의 언어만 사용하는 것이 아니라 여러 개의 언어를 사용하기 때문에 항상 두 언어 이상 한꺼번에 표시해야 했다. 다양성으로 인해 고려하지 않았던 모든 가능성을 볼 수 있었다.

회사 내부에서는 다양성(Diversity)과 무의식적 편견(Unconscious Bias)에 대해 꾸준한 캠페인을 벌인다. 이미 다국적 기업이고, 캠페인을 굳이 안 해도 서로 존중하면서 일하는 것 같아 보이는데도 말이다. 다양성과 무의식적 편견이란 무엇일까? 다양성은 서로가 다른 피부색, 종교, 성적 지향 등을 이해하고 차별하지 않고 존중하는 것이다. 하지만 우리가 당연하게만 여기는 무의식적 편견으로 아무런 생각 없이 내뱉었던 말이나 행동 등을 고쳐 나가야 한다. 그런 면에서 아무리 다국적 기업이라도 엄연히 존재하는 무의식적 편견을 인정하고 개선해야 할 필요가 있었다.

다양성을 한눈에 볼 수 있는 가장 대표적인 경우는 음식이 아닐까 싶다. 한국처럼 점심을 같이 먹기 힘든 것은 바로 이 때문이 아닌가 생각이 들 정도로 다양하다. 소고기를 먹지 못하는 일부 국가의 직원도 있고, 베지테리안으로 사는 사람들도 많은데, 베지테리안 타입도 비건이 있고 생선은 먹을 수 있는 사람이 있고, 붉은 고기만 안 먹으면 되는 사람도 있다. 한국에서 보기 힘든 땅콩 알레르기는 해외에서는 가장 흔한 알레르기라 매번 넛(nut) 종류가 들어갔는지 안 들어갔는지의 여부도 알아봐야 한다. 유당불내증의 어려움이 있는 사람도 있어서, 회사 냉장고 문을 열면 세가지 우유 타입이 비치되어 있다. 바로 일반 우유, 지방 없는 우유, 유당 없는 우유다.

"남편은 어떻게 만났어?"

아리는 최근 점심을 몇 번 같이한 남인도 출신 여성이다. 그녀는 한 아이의 엄마인데, 나와 비슷한 시기에 뉴질랜드로 이민을 와서 정착을 했다. 아리는 아리의 가족이 어떤 남자가 저녁을 먹고 갈 것이라고만 귀띔해주고, 저녁을 먹은 후 그 다음 날 바로 '정략결혼'을 결정했다고 한다. '와! 무슨 조선시대도 아니고 어떻게 정략결혼이 이루어진단 말인가!'라고 생각했다. 하지만 이번에는 그녀가 놀랐다.

"우린 수능이라고 대학을 가기 위해 꼭 치러야 하는 전국적인 시험이 있어. 그 시험을 위해 많은 수험생이 새벽 2시까지 공부하고, 하루에 네다섯 시간만 자곤 해."

내가 정략결혼 이야기에 놀란 것처럼 아리도 놀란 표정이었다. 이런 놀랄만한 다양한 정보를 접하며 처음에는 놀랄 수밖에 없었던 상대방의 다양성에 점점 익숙해졌고, 나와는 너무나 다른 차원의 사람처럼 느껴졌던 어색한 감정들이 점차 희미해졌다.

그럼에도 불구하고, 다양성을 수용하면서도 무의식적 편견은 좀처럼 사라지지 않았다. 예를 들어, 한국, 중국 출신 등 동양 사람들은 수학과 과학을 잘

177

Chapter 3
본격 뉴질랜드 회사 생활, 어엿한 직장인 되기

한다고 알려져 있는 것이 대표적이다. 동, 서양 할 것 없이 아시안 여성은 운전을 못한다는 편견, 아시안 부모들은 엄하다는 편견, 일부는 사실이지만 이것을 일반화하여 보는 시각이 있다. 나에게 남자친구가 있는지 물어보는 회사 직원은 당연히 내가 한국인과 사귀고 있을 거라는 무의식적인 생각을 가지고 있었다. 물론 그 말을 뱉자마자 자기가 부적절한 말을 한 것에 바로 사과를 했지만 말이다. 반대로 한국인의 시각에서 생각하는 편견들도 엄연히 존재한다. 한국에 있는 모든 동남아 사람들은 가난할 것이다 라는 편견, 외국 사람들은 한국어를 알아듣지 못할 것이니 한국말로 욕을 해도 괜찮을 거라는 편견, 외국 남성들의 '거시기'는 한국 사람들보다 훨씬 클 거라는 편견, 외국 여성들은 모두 개방적일 거라는 생각 등이다.

한국 사회는 다양성이 부족한 탓에 무의식적인 편견에 무감각한 모습을 자주 볼 수 있다. 오히려 다양성 보다는 일관성 있게 통일하는 것을 좋아한다. 한국에서 베지테리안으로서 생활하는 것은 매우 힘든 일이고, 유행이라고 하면 그 유행을 다 따라 해서 외국인들도 한국 사람을 구별할 수 있을 정도다. 까만 사각 안경테와 사각 백팩, 특유의 헤어스타일을 하고 있으면 한국 남성, 과도한 빨간 입술에 새하얀 피부의 메이크업, 앞머리가 말려 있으면 여지없이 대부분 한국 여성이었다. (요새는 한류 때문인지 중국 출신 사람들도 한국인처럼 보인다.) 이제는 80년대처럼 테가 없는 동그란 안경과 평창 올림픽 기념 패딩이 유행인지, 남녀노소 불문하고 이 안경을 쓰고 패딩을 입은 사람은 무조건 한국 사람으로 구분되었다.

몇 년 전, 유명한 국회의원이 자원봉사를 하는 한 아프리카 출신 남성에게 "연탄처럼 얼굴색도 까맣네?"라고 무의식적으로 했던 말이 논란이 되었다. 그 국회의원은 의도적으로 그런 말을 한 것이 아니고, 장난 식으로 말을 꺼냈다고는 했지만, 듣는 사람이나 다른 사람들에게는 매우 불편했으며, 이런 무의식적 편견은 더 나아가 인종 차별적인 발언이 되었다.

앞으로 우리가 해야 할 일은 무엇일까? 무의식을 의식하게 하는 이슈를 끄집어내어 자문하도록 하는 일이 아닐까 싶다. 방송인 홍석천씨는 한국 사회에 성적 취향이 다른 사람들이 있다는 이슈를 꺼냈고, 다양성을 받아들이도록 노출시켰다. 이제는 예전보다는 성소수자에 대해 편견을 가지고 바라보지 않게 되었지만, 사람들이 수용하기까지는 오랜 시간이 걸렸다. 나에게도 매번 물어본다. 내 마음속에 무의식적으로 생각하는 편견이 있는지 말이다.

08
시니어의 벽은
뚫린 것인가

○ ○ ○

칼퇴근에 스트레스 없는 천국 같은 편안한 해외 회사에서 일을 해도, 월요병이 있고 매너리즘이 존재하는가 보다. 해외에서 취직만 하면 다 좋을 것 같았는데, 일이 손에 익어가고 비슷한 일만 반복적으로 하니 슬슬 재미가 없어졌다. 이것이 월급쟁이의 비애란 말인가? 3년차가 되자 한동안 거들떠보지 않았던 구직 웹사이트를 다시 기웃거리기 시작했다.

그렇게 구직 사이트를 들여다보던 중 경력이 많은 시니어(Senior) 레벨 인재 모셔가기 공고가 유난히 눈에 많이 띄었다. 이는 그만큼 시니어 레벨의 인력이 모자라다는 현상으로 비추어졌다. 그러다 갑자기, "나는 과연 어떤 레벨의 경력자일까?"라는 궁금증이 들었다.

해외에서 경력별로 직급을 나누면 다음과 같다.

— **주니어(Junior)**
　경력 없이 신입으로 시작해서 1~2년 정도 경력을 지닌 사원급

— **인터미디에이트(Intermediate) 혹은 미드 레벨(Mid-Level)**
　3년 이상의 경력

— **시니어(Senior)**
　초급 및 중급 커리어를 가지고 있는 직원들에게 멘토(Mentor)가 되어줄 수 있을 만큼 실력
　과 커뮤니케이션, 어드바이스 자질을 가지고 있어야 하며 연차로 따지면 최소 8년 이상의
　경력

— **디렉터(Director), 프린시플(Principle)**
　시니어 이상, 팀을 리드하고 방향성을 결정하는 경력

　자신이 마케터로 1, 2년 차가 되었다면 주니어 마케터라 불리고, 8년 이상의 디벨로퍼라면 시니어 디벨로퍼라고 칭하게 된다. 위의 경력을 나누는 것은 어디까지나 가이드 라인일 뿐, 연수를 채웠다고 해서 그에 준하는 레벨을 가지고 있는 사람이 아닐 수도 있으며, 실력에 따라 빠르게 레벨이 올라가기도 하고 느리게 올라가기도 하므로 참고만 하는 것이 좋다.

　한국에서 모든 교육 과정을 거쳐 경력이 있는 상태에서 이민을 오고 취업을 하게 되는 경우, 사소하게라도 부딪치게 되는 문제가 하나 있다. 회사 내에서 자신의 실력과 경력이 매치되지 않는 직위로 취급될 때의 상황이다. 한국에서 배워온 기술은 뛰어나지만, 자기가 할 수 있는 능력보다 낮은 수준으

로 배정이 되는 경우다. 이유는 두 가지 중 하나로 볼 수 있다.

첫 번째, 한국에서 쌓아온 커리어를 거의 쳐주지 않고 시작한 경우다. 삼성이나 LG같이 이름을 대면 모두가 아는 대기업 또는 한국 내에 상주하는 유명한 해외 기업에서 다닌 경력이 아닌 이상, 해외에서 한국 내의 경력을 인정해주는 경우는 안타깝게도 매우 드물다. 몇 년간 한국 내의 어떤 회사에서 일을 했다고 경력 증명서를 내밀어도 그 증명서가 진짜인지 여부를 현지인들은 알 길이 없다. 특히 그 회사가 영어권에서 알려지지 않은 비영어권에속한다면 일단 증명하기가 매우 힘들다. 한국으로 취업 온 다른 나라 사람의경력을 한꺼번에 다 믿을 수 없는 것처럼 말이다. 해외에서 온 경력자가 일해왔던 방식도 자신들이 했던 방식과 다를 수도 있기 때문에 여러모로 고용하는 입장인 회사에서는 큰 리스크를 안고 감수하는 것이다. 그래서 실력이인정되었다고 하더라도 모든 경력을 쳐주지는 않고 일정 부분만 인정해주기도 한다. 이는 첫 키위 직장에서 한국에서의 경력이 있었고, 실력을 확인 받은 내가 주니어 레벨의 금액으로 시작했어야 하는 이유이기도 했다.

두 번째, 실력은 시니어가 되기에 충분하나 커뮤니케이션 스킬, 즉 영어 실력으로 인해 팀이나 다른 사람을 리드할 만한 소통 능력이 부족하여 다음 레벨로 올라가지 못하는 경우다. 해외에서 몇 년간 거주한 경험이 있거나 외국어 학교 등 어릴 때부터 영어에 대한 불편함이 없이 살아온 사람이나 리더십에 대한 타고난 사람들을 제외한, 나 같이 영어가 뛰어나지 않은 경우에 해당되는 이야기이다.

영어가 그럭저럭 되고 실력이 좋아 취업 관문을 뚫고 경력이 좀 쌓이다 보면 스스로 프로젝트를 리드하고 싶은 경우가 있을 것이다. 그럴 때 필요한 것은 리더십과 남들을 이끌어 내서 일을 하도록 하는 소통 능력이다. 지금 주위를 둘러보자. 나는 어디서 일하고 있는가? 영어로 일하고 있는 환경에서 매끄러운 영어는 필수적이다. 영국인, 아일랜드인, 미국인, 키위들 사이에 껴서도 말빨에서 지지 않을 정도의 영어가 되어야 한다는 뜻이다. 나보다 경력이 적고 실력이 비슷한데도 불구하고 현지인이기 때문에 나보다 회사 내에서 더 높은 평가를 받게 된다면 그 기분은 너무나 착잡할 것이다.

일반적인 영어 회화 실력이 된다고 해도 이제는 충분하지 않다. 비즈니스 영어가 필요한 시기가 찾아온 것이다. 누군가 찾아와서 청소년 수준의 한국어로 사업 계획서를 발표하는 것과 일반 성인 수준의 한국어로 사업 계획서를 발표하는 것 중 어느 쪽에 신뢰를 두고 투자를 할 것인가? 라고 생각하면 바로 이해가 될 것이다.

비즈니스 상 하는 대화를 듣다 보면, 말할 때 나오는 단어의 디테일이 다른 것이 확실히 느껴진다. '아' 다르고 '어' 다르다고 이야기하지 않던가. 영어도 마찬가지다. 고객 앞에서 구사하는 영어는 단정하면서도 신뢰할 만한 문장으로 완성되어야 하는데 내가 구사하는 영어를 객관적으로 생각해보자. '내 영어는 다른 원어민들과 비교할 만큼 뛰어난가?'라고 말하기에는 내 실력이 월등히 떨어진다는 것을 금방 느낀다. 내가 만약 여기에 오랫동안 산 사람처럼 영어를 썼다면 나는 좀 더 좋은 대접을 받지 않았을까? 물론 나 말고도 프랑스에서 온 엔지니어도, 우크라이나에서 온 개발자도 똑같은 입장이기는 하지만 말이다.

　한국 직장인에게 직위는 많은 의미가 있다. 승진한다는 것은 연봉이 높아진다는 이야기이고, 회사에서는 이름 대신 직위로 불리기 때문에 직위가 높을수록 그에 맞는 대접을 받길 원한다. 한국은 직급, 직위, 직책 등 헷갈리는 단어와 개념은 사회생활을 처음하는 사람들에게는 까다롭고 이해하기 어렵다. 사회생활 초반, 보통 사원 - 주임 - 대리 - 차장 - 부장으로 나뉘는 건 줄 알고 그렇게 외웠건만, 또 다른 회사에 가보니 팀장이나 책임이라는 직위가 차장을 대체하는 말로 표현되기도 해서 여간 헷갈리는 것이 아니었다. 팀장은 차장보다 높은 직위인가 아닌가? 책임은 어떤 위치인가? 실장과 팀장은 같은 호칭인가? 한 사람의 이름을 부르기 전부터 호칭에 대해 고민을 한다. 그래서 최근 글로벌 기업처럼 최근 젊은 기업들은 외국처럼 아예 직급을 없애거나, 직위 대신 '~님'으로 모두 통일하는 경우를 볼 수 있다. 카카오톡을 만든 카카오 회사는 자신의 이름을 쓰지 않고, 일하는 모든 사람이 영어 이름을 정해서 쓰고 있다. 영어 이름이니 이름으로 불리더라도 기분이 언짢지 않고, 직위로 인해 소통이 끊기거나 의견이 무시되는 일을 줄이는 효과도 고려한 모습이다.

　뉴질랜드도 직위가 오르면 연봉이 높아지기에 그에 대해 신경쓰기도 하고, 인정을 받는 자리에 있길 원하지만 한국보다는 크게 개의치 않아 하는 모습이다. 나이가 많던 적던 이름으로 부르기 때문에 직위와 직책 등이 거의 구분되지 않고 무슨 일을 하느냐로 구분된다. 직위와 직책이 헷갈린다면, 지금 당장 자신의 명함에 어떻게 적혀 있는지 참고하면 좋다. 이름 뒤에는 '직위'가 들어가고, 직책은 따로 구분되어 있거나 아예 표시하지 않은 것을 볼 수 있다. 마지막으로 가졌던 한국 내에서의 명함에 적힌 나의 직위는 주임이었는데, 주임으로 회사 내에서의 나의 위치는 알 수 있지만 내가 무슨 일을 하는지는 알 방법이 없다. 반대로 외국 명함은 내가 무슨 일을 하는지를 뚜렷하게 알 수 있다.

직위가 크게 중요하지는 않다고 이야기하지만 그럼에도 나는 현재의 위치보다 더 높은 레벨을 목표로 하기 위해 또 발버둥을 치고 있다. 지금 내가 하는 수준에서 더 잘 하려면 현지 키위들을 잘 어드바이스해 줄 수 있을 정도의 소통 능력, 미팅을 리드하는 기술, 어드바이스 능력 등을 익혀야 한다는 것을 깨달았다. 그러기 위해서는 더 나은 영어를 구사해야 하고…. 마치 다람쥐 쳇바퀴 돌 듯 돌아오는 건 언제나 영어, 의사소통이다. 머리를 싸매고 또 영어 공부에 시간을 투자해야 하는 수밖에 없다.

나는 언제쯤 소통 능력을 키워서 시니어가 될 수 있을까? 어떤 사람은 몇 개 국어를 한다던데 나는 영어 하나에 이렇게 쩔쩔맨다. 이 놈의 웬수 같은 영어, 해외 취업을 한다면 죽을 때까지 고민해야 하는 가장 큰 골칫거리다.

09
떠나는 직원과 남겨진 직원의 이별은
얼마나 아름다운가

○ ○ ○

회사에서 케이크를 먹는 일은 두 가지다. 하나는 누군가의 생일이나 축하할 일이 있어서 케이크를 먹는 경우, 또 다른 하나는 누군가 일을 관두게 되어 송별회를 위한 경우다. '누구를 위한 송별회 몇 시'라고 회사 전체 메일이 날아오면 '오늘은 어떤 케이크를 먹으려나?'라는 생각이 먼저 들 정도로 케이크를 먹는 일은 꽤 빈번하고 일상적인 일이 되었다.

이번 송별회는 6년 동안 IT 서포트로 일을 했다가 다른 일을 하고 싶어서 회사를 그만두는 댄을 위한 것이었다. 11살 때 세르비아라는 나라에서 뉴질랜드로 이민 온 이 남성직원은 같은 동갑이라 그런지 회사에서 마주치면 자주 이야기하는 사이였다. 그는 워낙 회사에 많은 사람들과 친하게 지냈고 뒤는 걸 좋아해서 같은 부서의 직원은 물론, 다른 부서의 사람들까지 꽤 많은 수가 그의 송별회 시간에 얼굴을 드러냈다. 아니면 그가 혼자서도 들기 어려운 초대형 케이크를 준비해서 그 사이즈의 케이크를 보기 위해 사람들이 몰려온 건지도 모르겠다. 어쨌거나, 항상 뭘 하든 파티나 회사 행사에서 튀었던 이 남성 직원은 가는 날까지도 대형 케이크로 직원들을 놀라게 하고 떠나는 모습을 보여주었다.

퇴직을 하는 모습은 참 다양하다. 계약직으로 일을 시작해서 계약이 끝나자 소리 소문 없이 가는 직원, 댄처럼 이직하게 되어 스스로 케이크를 준비하여 작별의 시간을 가지는 직원(주로 일반 사이즈 케이크다), 아예 다른 나라로 이직하는 사람 등 제각각이다. 퇴직할 때는 퇴직자에게 의사 결정을 먼저 묻는다. 사람마다 조촐하게 송별회를 하고 싶어하거나 아니면 아예 아무것도 준비하지 말라고 요청하는 사람들도 있다.

송별회를 한다고 해서 거창하지 않고, 대개 15분 내로 조촐하다. 참석하고 싶은 직원들이 제시간에 모이면 퇴사자 직원을 담당했던 매니저가 먼저 수고했다며 인사를 하고, 회사에 있는 동안 퇴사자가 어떤 일을 했는지 약간의 설명을 한다. 그리고 퇴사자와 함께 일하는 동안 가장 인상 깊었던 기억들을 꺼내며 다른 사람들과 공유하는 시간을 가진다. 송별회에 참석한 사람들 중 누구나 한마디씩 하고 싶은 말을 남기는데, 떠나가는 자리인 만큼 농담도 던지면서 같이 일해서 좋았다 등의 따뜻한 말을 건네주는 편이다.

퇴사자도 마찬가지로 답장으로 여러 직원들에게 하고 싶은 말을 남긴다. 자기가 왜 떠나게 되는지 이유를 밝히는 사람도 있고 밝히지 않는 사람도 있다. 이는 퇴사자의 자유다. 10년 동안 마케팅 부서에서 일을 했던 한 여성 직원은 너무 오랫동안 정이 든 직원들과 작별 인사를 하면서 아쉬운 마음에 눈물을 흘리기도 했다. 미처 말을 전하지 못한 사람들은 케이크를 나누어 먹는 동안 수고했다며 한마디씩 남기고 자기 자리로 돌아간다. 송별회를 하고도 아쉬운 사람들은 일을 일찍 끝내고 뒤풀이로 맥주를 마시러 가기도 하는데, 회식을 잘 하지 않는 뉴질랜드이지만, 술을 마시며 작별 인사를 하는 마음은 똑같았다.

한국에서 회사를 관둘 때는 사뭇 다른 모습이었다. 한국에서 퇴직은 회사를 떠나는 입장이기 때문에 아직까지 그다지 달가워하지 않는 분위기인 것 같다. 게다가 회사를 관둔다고 이야기를 하면 회유가 시작된다.

"지금 일이 너무 바쁜데 언제까지만 일해주면 안될까?"

"왜 일을 그만두는 거야?"

"연봉 동결된 거 때문에 그런 거라면 다시 상의해볼 수 있어"

등의 많은 질문을 던지는데, 왜 꼭 바쁠 때 관두어서 남아 있는 사람들 더 힘들게 하냐는 듯한 뉘앙스로 묻는다. 퇴직의 주된 이유가 과도한 업무 또는 직장 상사와의 불화 등이 많은 비율을 차지하고 있는 현실이지만, '누구 때문에 더 이상 같이 일 못 하겠어요'라고 말하기엔 우리들의 마음은 순두부와 같고, 불이익이 올까 후환을 두려워한다.

"몸이 안 좋아서 그만두려고요.", "고향으로 내려가서 부모님과 지내려고 합니다."

회사가 붙잡을 수 없는 사유를 대야 그제서야 회사나 다른 직원들은 수긍한다. 솔직하게 다른 좋은 회사로 이직한다고 용기 내어 말하면 달갑게 보지 않는 싸늘한 시선들을 회사 관둘 때까지 견뎌야 하고, 같은 업종의 회사로 이직한다면 마치 배신자 취급을 받으니 어쩔 수 없다. (곁들어 악담까지 추가된다.) 그래서 인터넷에는 퇴사 사유에 요령 있게 대처하기와 같은 팁을 쉽게 찾을 수 있다.

퇴사 사유는 여러 가지다. 사람인이라는 취업 웹사이트에 따르면 퇴사 사유로는 이직이 복수응답으로 41.7%로 1순위였고, 그다음이 업무 불만 (31.2%), 연봉(24.3%), 상사와의 갈등(13.1%)이 퇴사 사유로 밝혀졌다. 일을 하는 분량에 비해 일이 터무니없이 많다거나 만족스럽지 않다는 것이다. 일만 많으면 그나마 괜찮을지도 모른다. 일도 많은데, 상사 및 같이 일하는 직원들과의 관계가 틀어지면 그 상사 얼굴도 보기도 싫고 모든 작업 능률 및 하고자 하는 의욕은 땅으로 떨어진다. 그런 상태에서 견디지 못하고 떠나는 퇴직자나 이직자를 좋게 보내줄 수 있는 여건이 갖추어진 회사가 있을까? 송별회를 했다가 오히려 서로 얼굴을 붉히며 싸우고 끝날지도 모르는 일인데 말이다.

내가 다니는 회사는 퇴사가 생각보다 적은 편이다. (물론 직업에 따라 차이가 크다.) 뉴질랜드 시장의 규모가 작은 편이라 많이 옮겨 다니기도 힘겨운 상황이지만, 주로 매니저와 일대일 면담 시에 고치고 싶은 것이나 불만이 있으면 그때그때 말하는 분위기다. 그러다 보니 면담 후 시정이 되면 회사를 떠날 필요가 없게 되고, 또 불만이 있으면 조금씩 고쳐나가면서 1년, 2년 더 다니다 보니 근속 연수가 길어지는 것이다.

회사 이직 후 일주일 정도 되었을까, 너무 방대한 정보를 머리에 쑤셔 넣느라 열을 식히러 티 룸에서 쉬고 있는 와중에, 내 옆자리에 앉은 사람과 눈이 마주쳤다. 딱 봐도 나이가 지긋한 분이셨다.

"회사에서 널 본 적이 없는데, 회사에 들어온 지 얼마 되지 않았나 보지?"라고 물어보는 것이다. 나는 이제 겨우 일주일차가 되었고 모르는 것이 많다고 했다. 반대로 이번에는 내가 나이 많은 분에게 이 회사에서 얼마나 일을 했냐고 되물었다. 그분의 대답은 "41년." 내가 태어나기 훨씬 전부터 회사에서 일을 하고 있었다는 생각에 절로 고개가 숙여졌던 근속 연수였다. 가끔씩 직원들에게 회사에 얼마나 다녔냐며 질문을 하면 직원 중 한 명이 나한테 자신은 이 회사에 다닌 지 '20년밖에' 안 되었다고 소개하는 이유를 이제서야 알 것 같았다. 이처럼 사원들이 열정을 가지고 일을 하도록 의욕을 불어주는 것이 회사의 역할이다.

그럼에도 불구하고 불만을 해결하지 못하거나 다른 뜻을 찾아 이직을 하는 경우는 매니저에게 퇴사를 하겠다고 정식으로 이야기한다. 이를 들은 매니저는 회유책을 내놓기도 하지만 확고한 경우에는 바로 HR 매니저에게 보고를 하는 방식으로 정리한다. 그리고 퇴직 의사에 대한 공지를 주면 대체로 4주간의 정리 기간을 갖게 된다. 퇴사자의 연차가 쌓여 있으면 퇴사 전까지 연차를 쓰도록 하고, 케이크 먹는 날을 준비하게 된다.

한국에서 퇴사할 때는 대부분 회사 상황에 불만이 많아 오랫동안 참고 있다가 퇴사를 결심하면서 터트리는 경우가 상당히 많다. 솔직히 그렇게 하면 그 순간에는 마음이 좀 후련할지는 몰라도 나중에 생각해보면 후회하는 일이 적지 않다. 후회할 일을 남기는 대신 대인배의 마음으로 케이크를 한번 준비해보는 것은 어떨까? 막상 투덕거리며 싸웠던 상사가 케이크를 보는 순간, 그래도 같이 일한 정 때문에 미운 말 못 하고 웃으면서 보내줄 수 있게 말이다.

10
보험으로 돌아오는
뉴질랜드의 세금

○ ○ ○

　뉴질랜드에서 받는 월급에서 나가는 세금과 한국의 세금을 비교하면 당연히 뉴질랜드가 훨씬 큰 비율로 세금이 지출된다. 뉴질랜드에서 받는 세전 월급을 보면 '이 정도면 괜찮은 생활이 되겠지?' 하고 회사와 계약을 했다가, 세금을 낸 후 통장의 금액을 보면 월급의 절반을 뚝 떼어간 것 같은 금액 때문에 체감으로 느껴지는 세금은 훨씬 크기 때문이다. 그래서 뉴질랜드에서 금액으로만 따지면 월급을 더 받지만 세후의 월급은 한국에서 받는 월급과 비슷한 경우도 있다. 한국은 서비스나 물가가 싸기라도 하지, 뉴질랜드에서 집이라도 렌트해 매주 꼬박꼬박 비싼 렌트비를 낸다면 뉴질랜드에서도 돈을 모으기란 어렵기는 마찬가지다.

뉴질랜드 소득세는 한국과 마찬가지로 누진세를 적용한다. 자신의 버는 수입에 따라 세율이 다르게 책정이 되는데 예를 들어, A라는 사람이 뉴질랜드에서 연봉 십만 불(NZD $100,000)을 받는다고 가정해보자.[7]

세율	수입	세금
수입의 14,000불까지 10.5% 텍스 적용	14,000불	1,470불
수입 14,000불부터 48,000불까지는 17.5%의 텍스 적용	34,000불	5,950불
수입 48,000불부터 70,000불까지는 30%의 텍스 적용	22,000불	6,600불
수입 70,000불 이상은 33%의 텍스 적용	30,000불	9,900불
총 합계	100,000불	23,920불

A는 세후 총 76,080불을 받으므로, 총 수입의 4분의 1을 소득세로 내는 수준이 된다.

이보다 절반인 연봉 5만 불(NZD $50,000)의 B가 내는 소득세를 살펴보면

---

7) 세금 비율 출처: https://www.ird.govt.nz/how-to/taxrates-codes/rates/itaxsalaryand-wage-incometaxrates.html

세율	수입	세금
수입의 14,000불까지 10.5% 텍스 적용	14,000불	1,470불
수입 14,000불부터 48,000불까지는 17.5%의 텍스 적용	34,000불	5,950불
수입 48,000불부터 70,000불까지는 30%의 텍스 적용	2,000불	600불
수입 70,000불 이상은 33%의 텍스 적용	-	-
총 합계	50,000불	8,020불

B는 41,980불을 받음으로 두 배였던 A와의 소득 차이가 줄어드는 것을 볼 수 있다(저소득일 경우, 국가 보조금 지원으로 소득차이가 더 줄어들 수 있다).

이렇게 빠져나가는 세금 금액만 보면 돈을 벌어서 국가라는 독에 붓는다는 생각에 초반에는 아깝다는 생각이 들었다. 하지만 대부분의 사람들은 세금에 대해 불평불만을 가지지 않는데, 이는 낸 만큼 복지로 돌아와 미래의 나 자신이나 가족에게 돌아올 것이라는 생각 때문이다. 그렇다면 실제로 뉴질랜드에서 내는 세금은 전부 다 어디로 가는 것일까?

세금 중 일부는 ACC Levy라는 금액이 포함된다. ACC(Accident Compensation Corporation)는 국가가 지원하는 뉴질랜드 상해 보험사인데, 자신이 일을 하고 있던 중이든, 일을 하지 않는 중이든 간에 사고가 났다면 사고에 대한 보험을 청구할 수 있다. 한국에서는 산재 보험 신청 시 근무 중이었는지 아닌지, 출근길에 난 사고도 산재 보험이 신청이 되는지 등 많은 것을 증명해야 하는 반면, 어떤 사고가 나든 간에 일단 바로 ACC 처리 대상이 된다. (참고로 사고의 상황과 케이스에 따라 다를 수 있으며 자세한 사항은 ACC 홈페이지에서 확인하는 것이 좋다.)

예를 들어, B가 일하는 도중 무거운 물건을 옮기다 8주 이상의 진단에 해당하는 사고를 당해서 일을 하지 못하면 ACC에서는 B가 받던 월급의 80%를 8주 동안 보장한다. 같이 일하는 K는 차 사고로 허리를 다쳐 걷기가 힘들어 출퇴근이 매우 어려울 정도였는데, ACC는 K가 출퇴근할 수 있도록 매일 택시비를 지급해주고, 허리 수술에 들어가는 수술 비용도 전부 면제했다. 하키 운동을 하다가 다리가 부러지는 사고를 당한 T도 마찬가지로 택시 서비스를 받을 수 있었다. 이처럼 ACC는 몸이 다쳐 일을 하지 못해 생계가 급하게 어려운 사람들에게는 다친 동안 금전적인 문제가 없도록 도와주었다.

뉴질랜드의 헬스케어가 전부 무료라는 사실은 뉴질랜드 이민에 대해 조금이라도 조사해본 사람들이라면 누구나 알만한 매우 매력적인 사실이다. 뉴질랜드는 2차 진료기관인 국립병원부터 병원비가 무료다. 이것도 당연히 세금으로 충당되는 헬스케어 서비스 중 하나며, 위중한 병이라고 진단이 되면 그 이후에 드는 치료비는 국가에서 부담한다. 하지만 이런 매력적인 헬스케어에도 단점이 있다. 느리고, 기다리는 사람이 많아 무료로 치료를 받기 위해서는 오랫동안 기다려야 한다. 갑자기 맹장이 터져 너무 아파 응급실에 가더라도 한국처럼 곧바로 응급 치료를 받는 것을 기대하기 어렵다. 병원 대기실에 앉아 운이 좋으면 한두 시간 기다려야 치료를 받을 수 있고, 앞에 기다리는 사람이 많다면 네다섯 시간 동안은 대기하는 것을 각오해야 할 것이다.

"한국이라면 이렇게 기다리지는 않았을 거야."

고통의 다섯 시간이 마치 하루라도 되는 것만큼 긴 시간 동안 쥐어짜는 배를 부여잡으며 할 수 있는 일은 오직 기다리는 것뿐이다. 그래서 오랫동안 기다리는 것이 힘든 키위들은 차라리 돈을 내고서라도 빨리 치료를 받을 수 있도록 건강 사보험을 드는 경우도 있다.

한국의 치과 치료 시설은 전 세계 어느 나라를 가든 인정받을 정도로 빠르고 실력이 좋다는 것은 이미 많은 사람들이 알고 있다. 친구가 이가 하나가 빠져서 비어 있는 공간 때문에 치과에 가서 상담을 받았는데, 뉴질랜드 치과 의사도 차라리 태국이나 한국에 가서 보험 대상이 되지 않더라도 임플란트를 받고 오는 것이 더 싸고 좋다고 추천할 정도로 뉴질랜드의 몇 의료 시설은 한국과 비교하면 오래되었다는 느낌을 받는다.

간호사로 일하는 친구는 생명의 위험과는 거리가 먼 자잘한 것들은 한국의 의료 시스템이 훨씬 낫고, 생명과 직결된 큰 수술 같은 경우는 뉴질랜드가 나은 편이라고 했다. 피부, 보톡스, 미용에 관한 치료, 치과 치료는 다른 나라를 가도 한국만큼 잘된 나라가 없다. 하지만 한국의 강력하고 좋은 국민 건강 보험과 서비스가 있더라도, 일단 큰 병이 걸리면 보험이 되지 않는 검사나 약물이 많아 큰 돈을 써야 하기 때문에 금전적인 부분에서 여유롭지 않은 사람들에게는 큰 부담이라고 지적했다. 그런 반면, 뉴질랜드는 느리더라도 경제적으로 부담이 없다는 것이 이점이라고 했다.

또 다른 세금의 일부는 자식의 양육자가 한 명만 있을 경우에 받게 되는 혜택 및 노약자, 몸이 불편한 장애가 있는 경우, 그리고 저소득층을 위한 지원으로 돌아간다. 싱글 맘일 경우, 아이를 돌봄으로 인해 경제적 활동을 하지 못할 때 아이의 데이케어를 위한 어린이집 기관 또는 아이를 돌봐주는 도우미에 대한 지원과 주당 얼마의 보조금을 받는다. 아이가 둘일 경우에는 더 많은 금액을 지원하게 된다. 노약자는 65세 이상이면 여유롭게 쓸 수 있는 돈은 아니지만 어느 정도 먹고 살 만큼의 국가 보조금을 누구나 받을 수 있게 되며, 몸이 불편하여 일을 전혀 하지 못하는 이, 정신적으로도 고통을 겪는 이에게도 정부가 보금자리와 보조금을 지원한다. (마찬가지로 지원한 사람이 많은 경우 대기로 기다려야 한다.) 부모 중 한 명만 일을 하고 한 명은 아이를 돌보는 4인 가족, 자기 집을 가지고 있더라도 모기지로 내는 이자와 원금, 그리고 생활비로 써서 수입이 빠듯한 집에도 아이를 위한 보조금이 제공된다.

이 중에서도 내게 가장 인상적이었던 것은 싱글 맘, 싱글 대디처럼 양육과 동시에 경제적 활동을 할 수 있는 사람이 한 명밖에 없을 경우에 정부가 지원해주는 시스템이다. 한국에서도 나는 고등학교 때 일정 기간 급식을 무료로 먹을 수 있는 식권 지급이나, 대학교 때 한 부모 가정을 위한 등록금 일부 인하 등을 받았고, 그것으로 인해 큰 고비를 덜 힘들게 넘길 수는 있었지만, 그것만으로는 터무니 없이 부족했던 것이 사실이었다. 그래서 450만 원 남짓, 첫 대학교 등록금과 다음 해 등록금을 위해 돈을 빌려야 했고, 용돈과 교통비를 벌기 위해 대학교를 다니는 내내 나는 아르바이트와 근로 학생을 달고 살 수밖에 없었다. 이렇게 힘겹게 졸업했는데, 뉴질랜드는 대학생 등록금은 일을 하여 경제적으로 이익이 날 신분이 될 때까지 갚지 않아도 되고, 학생이기 때문에 돈을 벌 수 없는 상황을 대비해 정부에서 용돈까지 제공해준다는 사실에 부러움을 느끼지 않을 수 없었다. 게다가 2018년, 노동당이 집권하면서 뉴질랜드에 살고 있는 국민에 한하여 고등전문학교나 대학교 첫 1학년 등록금을 무료로 다닐 수 있도록 제정하여 실시하고 있는 중이다.[8]

반대로 이런 혜택을 누리지 못하고 세금만 계속 내야 하는 경제적으로 어려움이 없는 사람들은 이런 부분에 대해 마냥 동의하지 않는다. 세금을 악용하여 일을 전혀 하지 않고 아이를 여러 명 출산하고 제대로 돌보지 않는 사람들이 있는데, 나와 한때 같이 살던 한 플랫메이트의 전 여자친구가 그런

---

8) https://www.education.govt.nz/news/details-of-fees-free-tertiary-education-and-training-for-2018-announced

케이스였다. 당시 25살의 젊은 여성이었는데, 플랫메이트 사이에서 딸을 낳고 또 다른 남성과 두 명의 아이를 더 낳는 동안, 그녀는 한 번도 일을 하거나 좋은 엄마가 되기 위한 노력을 하지 않았다. 그럼에도 매주 그녀는 상당한 금액을 정부에서 지원받고 있었다.

학생 때 받는 대학 보조금 등을 받고 나서 취직을 하지 않는다던가, 해외 출신이었던 사람은 학비를 갚지 않고 자신이 살았던 국가로 다시 돌아간다던가 하는 경우도 아주 간혹 있다고 한다. 특히 앞서 말했던 ACC 국가 상해 보험은 현지인뿐만이 아닌 뉴질랜드를 여행하다가 사고가 난 여행자도 ACC로 커버되는 경우도 있어 해외 여행자들의 보험 커버를 왜 세금으로 해주냐는 반대 의견을 내는 목소리도 있다.

처음엔 너무 많이 내서 아까웠다는 생각이 들었지만 아예 내 돈이 아닌 것처럼 잊고 사니 한결 마음이 편해졌다. 소득세나 세금에 대한 불만이 있어도 나이가 들어서 다시 돌아올 거라는 기대에 크게 불만을 가지지 않는 분위기다. 한국도 마찬가지로 세금을 내는 만큼 혜택을 받을 수 있다는 확신만 있다면 누군들 세금을 더 내는 것에 반발을 가질까? 인터넷 뉴스에는 온갖 세금과 국민 보험에 대해 각종 루머로 채워지는데 사람들은 어떻게 쓰여지는지 전혀 알 수 없으니 마치 깨진 독에 물 붓는 것처럼 느끼는 것 아닐까 짐작할 뿐이다.

11
외로움,
향수병과 싸우기

○ ○ ○

뉴질랜드에서 향수병을 처음 느꼈던 순간을 아직도 기억한다. 뉴질랜드에 도착한 지 세 달 정도 지나 한국에서 보내온 첫 소포를 뜯어보았을 때다. 여름에서 가을로 계절이 바뀌어갈 때 즈음 한국에서 입었던 겨울 옷과 신발을 보내달라고 엄마에게 부탁을 했었다. 이주 정도가 지났을까, 집에 도착해 발견한 한글로 '우체국'이라고 적힌 택배 박스가 그렇게 반가울 수 없었다.

소포를 뜯자마자, 코 끝이 찡해졌다. 박스 안에는 내가 보내달라고 한 물건만 들어 있었던 것이 아니었다. 박스를 열자마자 한국에 있는 집에서만 맡을 수 있는 특유의 집 냄새가 소포에 같이 담겨 온 것이다. 각종 섬유제 냄새와 향기가 좋은 이불 냄새로 뒤덮인 집 냄새. 우리 집에 놀러 오는 친구들도 그

냄새에 취해 낮잠을 자고 가게 만들었던 우리 집 이불 냄새가 멀리 뉴질랜드까지 배달된 것이다. 배달된 옷에 코를 갖다 대고 한참을 맡았던 기억이 난다.

"파리에서 공부하려고 했는데, 너무 외로워서 못 견딜 것 같더라고. 난 지금 한국에 있는 게 너무 좋아."

"진짜 눈물이 줄줄 나서 그냥 한국으로 돌아가고 싶다는 생각밖에 없었어."

해외에 산 경험이 있는 친구들의 대답들은 해외 생활이 좋았지만 너무 외롭고 견딜 수 없어서 한국으로 다시 돌아왔다는 사연이 많았다.

"너라면 해외에서 잘살 것 같았어.", "넌 어디든 떨궈 놔도 잘살 것 같은 친구야."

나를 좀 아는 친구들은 넌 해외에서도 잘 적응할 거라 말했지만, 사실 나도 외로움을 느끼는 것은 매한가지였다. 버스를 타고 한 달 동안 뉴질랜드 전역을 혼자 여행할 적, 어느 나라에 가도 남부럽지 않은 뉴질랜드의 남섬 풍경, 테카포 호수 앞 벤치에서 아름답게 지는 큰 달 모양을 바라보며 '이렇게 아름다운 풍경을 혼자 보는 삶이 무슨 의미가 있을까….' 좋은 무언가를 그 누구와도 함께 공유할 수 없다는 사실이 나를 슬프게 했다.

진한 향수병과 사무치는 외로움, 정도의 차이가 있겠지만 해외에서 사는 사람들은 이를 평생 동안 느끼며 살 수밖에 없다. '나는 절대 그런 외로움 느끼지 않을 거야'라고 호언 장담을 해도, 하루 종일 누구와도 아무 말도 하고 싶지 않고 그저 집 안에만 누워 있고 싶은 그런 무력감이 들 때면 향수병이 찾아왔다는 신호다. 한 달을 해외에서 살았던, 10년을 살았던 간에 상관없이 말이다.

뉴질랜드에 도착한 지 얼마 되지 않았을 때는 영어가 통하지 않아 소외감을 느꼈다. 다른 사람들과 억지로라도 어울리려고 키위 친구들이 있는 자리에 나갔지만, 다들 희희낙락하며 웃고 이야기를 하는 동안 나는 말 한마디도 꺼내지 못했다. 회사 이야기, 친구들 이야기, 불만들을 하나둘씩 꺼내는데 내가 잘못 알아듣고 있는 건지, 공감을 전혀 할 수 없었다. 그저 남들 이야기하는 것을 듣고만 있는 내 모습이 한심했다. 어학원에서 만난 외국 친구들은 서로가 비슷한 상황이기 때문에 금방 친해졌지만, 실제로 뉴질랜드에서 살고 있는 현지 친구들과 사귀는 것은 그와 달랐다. 그들만의 세상이 있었고 내가 관심 없는 것에도 관심 있는 것 마냥 이야기를 해야 했다. 서로 살던 환경이 다르고, 공감하는 것도 달라서일까? 공통점을 찾고 이야기를 이어나가기가 힘들었다.

시간이 좀 지나 2년 쯤 되었을때, 이번에는 생활에서 가족이나 친구들로부터 도움을 받을 수 없이 멀리 떨어져 있다는 사실에 불편함과 외로움을 느꼈다. 한국에서도 자취해 나가 살았을 적에도 가족을 많이 만나지는 못했지만 그래도 버스와 지하철을 타고는 만날 수 있는 거리였다. 하지만 뉴질랜드는 아파도 쉽게 가거나 올 수 있는 거리가 아니었다. 한국에서 봄이 아프기라도 하면 죽이라도 배달해서 먹을 수 있었을 텐데, 해외에서 아프니 누구 하나 기댈 수 있을 만한 사람이 없었다. 아파도 한국 음식이 먹고 싶어서 직접 해 먹었던 것은 고작 라면이었다.

나는 미혼이었으니 다행이지만, 어린아이 때문에 마음대로 나갈 수도 없고 한국에 있는 가족의 지원을 전혀 받지 못하는 아기 엄마였다면 고충은 더 심했을 것이다. 한쪽 부모님이라도 옆에 있으면 좋을 텐데, 남편이 일을 하러 집을 비우면 어떠한 가족의 지원을 받지 못하고 혼자서 감당해야 하는 육아에 우울증은 어두운 친구처럼 쉽게 따라 왔을 것이다.

해외 생활 6년차, 이제는 모든 걸 다 극복했을 것 같을 때쯤 느낀 것은 가족과 오랫동안 함께하지 못 한다는 사실에 마주한 안타까움이었다. 뉴질랜드에서 자리를 잡은 후 한 번도 방문한 적이 없는 엄마에게 뉴질랜드 관광을 시켜준 일이 있었다. 2주라는 짧은 기간 동안, 딸이 어디에서 무슨 음식을 먹으면서 지내는지, 회사는 어떤지 구경을 시켜주었다. 엄마에게 해외에서도 자신의 딸이 잘 지내고 있다는 모습을 보며 안심시켜주고 싶었다. 2주는 그렇게 순식간에 지나갔고, 공항에 가서 작별하는 순간, 꿋꿋한 모녀답게 울고불고하지 않고 서로 담백하게 쿨한 작별인사를 했다. 보안검색대로 들어가는 엄마의 뒷 모습을 보는 내 마음이 울적했지만, 하룻밤만 지나면 괜찮아질거라며 스스로를 위로했다.

'오늘만 지나면 이런 기분은 곧 지나갈거야.'

하지만 집에 도착하고 나서 냉장고의 문을 여는 순간, 공항에서도 꾹 참아 냈었던 눈물을 결국 터트릴 수 밖에 없었다. 냉장고 안에는 엄마가 만들어놓은 내가 좋아하는 오징어채와 멸치볶음, 닭볶음탕이 반찬통에 가지런히 칸마다 놓여 있었기 때문이다. 엄마한테 더 잘할 걸, 많은 후회가 밀려 왔다. 뉴질랜드에 살면서 얼굴 보는 일이 더 뜸해지고 내가 들어가는 나이만큼 부모님도 늙는다는 것을 뻔히 알면서 잘해주지는 못할망정, 더 친근하게 대하지 못했던 내 자신을 탓했다.

내가 여기서 무슨 좋은 부귀영화를 누리겠다고 이렇게 사는 것일까? 엄마가 만들어준 오징어채를 한 젓가락 먹고 울고, 밥을 한 숟가락 먹고 또 울었다.

"으허헝…. 맛있어…."

울면서도 엄마가 만들어준 오징어채가 맛있어서 밥은 잘도 목구멍으로 넘어갔다. 코미디도 이런 코미디가 따로 없었다.

이래서 사람들은 모험이 끝난 후 자신의 집으로 돌아가는 것일까? 해외에서 가족 없이 견디기 힘든 외로움 때문에 자신이 속했던 곳으로 돌아가는 것일까? 막상 한국에 있으면 자주 보지 못하고, 서로 잘해주지 못하면서, 또 보지 않으면 보고 싶고 그리운 것이 가족이고 친구인가 보다. 그들과 지냈던 시간과 엄마가 해줬던 음식들은 해외에 오랫동안 살아도 기억에서 사라지지 않는 그리운 것이다.

이 글을 쓰다가 갑자기 엄마가 생각나서 문자를 보냈다.

[엄마 보고 싶어]

보고 싶다는 말에 엄마는 갑자기 어디 아프냐고 묻는다.

'아니 어디 아파서 그런 게 아니야. 그냥 엄마가 너무 보고 싶어서 그래.'

12
회사에서
평생의 짝을 만나다

○ ○ ○

국제 커플을 보면 모두가 궁금해하는 질문, "두 분은 어디서 만나셨나요?"

로맨틱한 첫 만남을 이야기해주고 싶지만, 아쉽게도 나의 연애는 다른 사람들이 하는 연애와 별반 다를 것이 없다. 친구를 통해, 취미 생활을 같이하다가, 나 같은 경우는 같이 일을 하다가 만난 것처럼 말이다. 이직하고 회사 내에 아무도 아는 사람이 없을 때 그나마 가깝게 지내던 매니저가 떠나고, 그 자리를 대신 채운 새로운 매니저가 바로 그였다. 전 매니저와 친했기 때문에 초반에는 새로 온 그가 그다지 반갑지 않았다. 인상도 (전 매니저에 비해) 호감형으로 보이지 않았고, (전 매니저에 비하면) 수염도 있고, 이마에 주름도 깊게 있어서 나는 대략 30대 후반이나 40대 초반이겠거니 싶은,

(전 매니저에 비하면) 짤막하면서도 퉁퉁한 사람이었다. 그리고 그는 결정적으로,

"유해버막앗툼~돈챠?"

"What?(뭐?)"

"You have a Mac at home don't you?(너 집에 막 있지, 그렇지?)"

집에 마크(Mark)란 이름을 가진 사람이 있냐고 물어본 줄 알았다. 다시 물어보니 나한테 맥(Mac-애플 맥킨토시 줄임말)이 있냐고 물어본 것이다. 애플 컴퓨터를 주로 맥/ㅐ/으로 부르는 것과는 달리, 그는 막/ㅏ/으로 발음하는 것이었다.

그는 뉴질랜드 사람이 아닌 영국(United Kingdom) 출신인데, 정확히 말하자면 스코틀랜드(Scotland) 출신이다. 영국이라고 하면 신사의 나라라고 전형적인 런던 발음을 떠올리지만, 스코틀랜드는 영국의 일부이지만 우리가 생각하는 그런 영국은 아니고 발음은 더더욱 다르다. 사투리가 너무 심해 같은 나라 사람끼리 서로 못 알아들을 정도로 스코티쉬 발음은 고약하고 일반 영어와 매우 다르다. 투박한 느낌이 나는 그의 스코티쉬 영어 발음은 수염이 많은 수더분한 그의 이미지와 잘 어울렸다.

그도 나와 마찬가지로 워킹홀리데이로 뉴질랜드로 오게 된 이민자 중 한 명이었다. 23살 때 아시아를 여행하다가 워킹홀리데이 비자를 받아 호주에

서부터 일을 시작했다고 한다. 처음 구한 일은 컴퓨터 조립 관리. 당시에는 나이도 어리고 대학을 가지 않았기 때문에 그 일이 워킹홀리데이 비자로 할 수 있는 일이었다고 했다. 멜버른에서 일을 하다가 뉴질랜드에서 휴가로 놀러 온 친구들을 사귈 수 있었는데, 뉴질랜드에 한번 놀러 오라고 제의한 것이 그가 뉴질랜드에 발을 들여놓게 된 계기라고 했다.

뉴질랜드에 도착했을 때, 그의 영어 발음이 매우 달라 같은 영어를 쓰는 뉴질랜드 사람들도 처음에는 알아듣지 못했다고 한다. 하지만 그는 영어권이기 때문에 뉴질랜드에 온 지 일주일 만에 일을 구할 수 있었는데, 내가 고생해서 취직했던 경로를 생각하면 같은 워킹홀리데이라도 이렇게 영어 하나에 차이가 나나 싶을 정도로 쉽게 일을 구했다고 한다. 취직이 쉽게 된 것을 제외하고는 내가 뉴질랜드에 혼자 온 것처럼 그도 계획하지 않고 뉴질랜드에 와서 정착한 이민자 중 한 명이 되었다.

진지하게 그를 만나려고 생각한 적은 한 번도 없었다. 다른 외국인 남성을 만나면서 '한국인이 아니기 때문에' 이해하기 힘든 부분들이 있었고, 헤어질 가능성이 더 높을 거라는 생각이 언제나 자리 잡고 있었다. 영어 때문에 오는 언어 장벽은 물론이요, 살았던 방식이 달라서 이야기할 만한 공통 분모가 부족했던 경우를 경험한 적이 있었기 때문이다.

한 번은 다른 외국인 남성 친구에게 코리안 바비큐로 알려진 삼겹살을 소개해준 적이 있었다. 웬만하면 외국인도 코리안 바비큐를 좋아하기 때문에 한국 음식을 소개시켜줄 만한 걸로 이만한 것이 없다고 생각했다. 돈이 많이 없었음에도 불구하고 좋은 것을 소개해주고 싶은 마음에, 오클랜드에 일인 당 6만 원짜리나 하는 비싼 한식 레스토랑에 데려갔다. 하지만 내 예상 외로 그 친구는 코리안 바비큐를 좋아하지 않았다.

"웨이트리스가 자꾸 우리 테이블로 와서 고기를 가위로 잘라주는데 너무 방해받는 느낌이야."

"고기를 가위로 썰어주는 게 너무 이상해. 왜 가위를 쓰지?"

다양한 반찬들이 있었음에도 불구하고 이렇게나 많은 음식을 어떻게 다 먹냐, 고기가 잘려 나온다, 웨이트리스가 우리 테이블에 와서 고기를 잘라주고 왔다갔다 하니 먹는데 너무 방해받는다 등, 그의 첫 코리안 바비큐 경험은 좋은 것보다는 안 좋거나 이상한 경험이었다. 비싼 돈 주고 기껏 소개시켜줬는데 이런 싸늘한 반응이 나올 줄이야. 아…. 이래서 한국 사람은 한국 사람과 사귀어야 하나 하는 생각이 들었다.

게다가 사내 연애에 대한 나의 시각은 좋지 않았다. 회사에서 잘못해서 소문이라도 나게 된다면 손해 보는 쪽은 왠지 여자 쪽이 많을 것이라는 생각이 컸다. 직원들은 내 앞에서는 아무렇지 않은 척하겠지만, 뒷담화로 나에 대한 이야기가 오갈 것이 너무나 뻔해 보였다. 게다가 다른 부서 사람도 아니고 같은 부서 사람, 그리고 직속 상사와 만난다?! 뉴질랜드도 마찬가지로 사람 사는 곳이라 아무리 쿨한 회사라도 직속 상사와의 연애는 색안경으로 볼 수

밖에 없는 부분이었다. 아무리 생각해봐도 너무 문제가 많을 것 같았다. 생각만으로도 조심, 또 조심할 수밖에 없었다. 잘 사귄다면야 문제될 건 없지만, 헤어지기라도 한다면? 둘 중에 한 명은 회사를 관둬야 할 정도로 불편한 상황이 생길 각오를 해야 한다고 생각했기 때문이다.

결혼정보회사 듀오가 20~30대를 대상으로 실시한 설문조사[9]에서는 사내 연애를 공개할 의향이 있는 경우가 전체에서 17.8%로 나타났다. 즉, 10명 중 8명 정도는 사내 연애를 밝히고 싶지 않아 했다. 그 이유로 절반이 가까운 48%가 '회사에 소문이 나는 것이 걱정돼서'라고 했고, 그 뒤로 28.4%는 '업무적으로 불편한 상황이 생길까 봐'라고 답했다.

뉴질랜드는 어떨까? 키위 구직 웹사이트 'Seek'에서는 평생 동안 6만 시간이라는 일을 하면서 로맨스를 만나는 것은 매우 흔한 일로 보았다. 하지만 사내 연애를 한다면 꼭 들어야 할 몇 가지 어드바이스를 제시했다.[10] 첫째로, 사내 연애에 대한 규정이 있는지 알아보는 것이다. 개방적일 것만 같은 뉴질랜드도 한국과 마찬가지로 여유로운 회사가 있는 반면, 그렇지 않은 키위 회사들도 있기 때문이다. 둘째로, 매니저(보스)에게 나중에 이야기해서 더 곤란한 상황으로 만드는 것보다 가급적이면 빨리 말하는 것을 권장했다.

---

9) http://www.etnews.com/20180329000378
10) https://www.seek.co.nz/career-advice/love-me-dos-and-donts-of-workplace-romance

헤어질 가능성이 높을 것이라는 부정적인 생각에 조용히 만나고, 조용히 끝나는 것이 나을 것 같다는 나의 의견을 받아들여 사내 연애는 당분간 비밀로 유지하기로 결정했다. 하지만 이러나 저러나 둘의 연애로 인해 추후에 문제될 만한 일이 생길 수 있을지도 몰라 그의 직속상사(나의 매니저의 매니저)에게는 말할 필요가 있었다. 긴장이 되었다. 한국에서 막장 드라마로 찍으면 잘 나올 만한 순간이었다. 제목을 군이 붙이자면 '직장 상사와 사귀는 여성 사원의 대처! 이 난관을 어떻게 뚫을 것인가!' 나에게 불이익이 오지는 않을까 노심초사했다. 회의실에 나와 그의 매니저가 얼굴을 맞대고 앉았다. 나의 얼굴은 거울을 보지 않아도 상기되었다는 것을 알 수 있었다. 그가 먼저 말을 꺼냈다.

"나는 너희들의 관계에 대해 전적으로 존중하고 지원할 거야. 너희 말고도 다른 사람들도 다들 그렇게 만나. 그러니 너무 걱정하지마. 하지만 그 친구가 너의 매니저 역할을 하는 것은 지금 상황에서는 힘들어. 그래서 다른 사람이 너의 매니저로 배정될 거야. 어떻게 생각해?"

막장으로 끝날 줄 알았던 면담은 다행히도 다른 사람이 내 매니저가 되는 것으로 순탄하게 마무리 되었다.

사내연애는 부정적인 것만 많을 것이라는 나의 예상과는 달리, 상대방이 일하는 모습, 평소에 어떤 사람인지 제3자의 입장에서 관찰할 수 있다는 점이 여태껏 해온 연애들과 달랐다. 일에 대한 스타일, 직원을 관리할 때의 대처 능력 등을 가까이 들여다보면서 어떤 성격을 가지고 있는지 파악할 수 있었다. 다른 직원이 살짝 이야기해주는 그의 모습은 책임감이 강해보이는 사람이었다.

사귀었던 다른 외국인들과는 달리 확실히 달라진 그의 모습에 나의 마음을 열 수 있었던 몇 가지 계기가 있었다. 자칫하면 거부감을 일으킬 수 있는 한국 음식을 편견 없이 대한 것이나, 사귄 지 몇 개월도 안 되어 스스로 자청하여 한국어를 배우고 싶어 한국어 수업을 알아보기 시작한 것이다. (결과적으로 잘 되진 않았지만 적어도 나의 환심을 사는 데는 성공했다.) 특히 한국 음식을 먹으면서 그는,

"너는 나의 한정된 음식 세계의 새로운 문을 열어주었어!"

김치전과 삼겹살을 먹으면서 어떻게 이런 맛이 날 수 있는지, 영국에서나 뉴질랜드에서 한 번도 먹어보지 못한 맛이라며 칭찬 일색을 했다. 남은 국물에 밥을 볶아 먹는 닭갈비를 먹으면서 "한 요리에 두 개의 다른 메뉴를 먹을 수 있다니!" 하며 놀라워했다. 새로운 문화에 전혀 거리낌 없는 모습이었다.

둘 다 뉴질랜드로 온 '이민자' 출신이라 그런지 공통점이 꽤 많았다. 또, 도시에 살았었던 경험 때문인지 일에 대한 열정이 키위들보다 훨씬 강했다. 여유로운 나라에 사는 키위들과는 꽤 다른 점이었다. 어릴 때부터 해외에 나와 살면서 돈 관리를 일찌감치 배워서 대학 졸업장이 없어도 무슨 일이든 책임지곤 했다. 그도 마찬가지로, 여행과 바깥을 돌아다니는 것을 좋아하는 나와 잘 맞았다고 한다. 내가 뉴질랜드에서 만났던 사람들이 외국 사람이란 것이

문제가 아니었다. 단지 서로 공유하는 공통점과 닮은 점이 없었기 때문에 맞지 않았던 것이다.

"가끔씩 집에 돌아가고 싶다는 생각 들지 않아?"

그도 나와 마찬가지로 아무런 연고 없이 혼자서 가족과 떨어져 있으니 가족이 그립지 않을까 생각해서 물어보았다. 하지만 그는 고개를 저었다. 가족을 그리워하지만, 그는 만약 자신이 다른 나라에 가서 살지 않았다면 10년 후나 20년 후나 별반 달라질 것 없는 자신이 되었을 거라고 했다. 똑같은 곳에 살면서 똑같은 사람들만 만나고, 주말에는 항상 맥주만 진창 마시기만 했을 거라고 한다. 자신이 뉴질랜드에 왔기 때문에 산악 자전거도 타고, 살도 많이 빼고, 운동도 할 수 있어서 좋다며 돌아가고 싶지 않다고 한다. 그리고 뉴질랜드에서 자기에게 잘해주는 좋은 사람을 만나 같이 살 줄은 누가 알았겠냐며 웃는다.

"내년엔 어디로 여행 갈까?"

우리는 소파에 같이 걸터앉아 다음 계획을 세운다. 그렇게 우리는 다음 여행을 생각한다. 아주 오랫동안 말이다.

한국인 키위가
되기까지

New Zealand

01
여유로운 키위
혹은 게으른 키위

○ ○ ○

대부분의 한국 사람에게 '키위'라는 단어는 새콤달콤한 과일의 이름으로만 알려져 있다. 하지만 뉴질랜드에서 키위라는 단어 하나에는 여러 가지 뜻이 있다. 우리가 알고 있는 과일 '키위', 날지 못하는 새 '키위', 그리고 뉴질랜드 사람을 칭하는 '키위'다. (과일 키위는 이곳에서 키위 후르츠라고 불린다.) 세계 1차 대전에서 다른 나라 참전국들이 뉴질랜드 국가 및 군인들을 키위(Kiwi)라는 별칭으로 부르기 시작한 것이 이제는 뉴질랜더(New Zea-lander)로 불리는 것보다 더 자연스러운 국민 이름이 되었다.

키위 새는 날지 못하는 뉴질랜드 토종 새다. 새가 날지 못하는데 어떻게 뉴질랜드라는 섬 나라에 왔는지에 대해서는 지리적으로도 역사적으로도 정확하게 밝혀지지 않았지만, 이주자들과 함께 외지에서 건너온 천적들로 인해 현재는 멸종 위기에 처해 있다. 쥐, 개, 고양이 등 천적에 대응할 만한 방법이 오랫동안 전혀 발달되어 있지 않았기 때문이다. 빗대어 말하자면, 그만큼 뉴질랜드는 다른 나라들과 분리되어 있고 그들만의 '로컬화'된 특성이 있다.

뉴질랜드는 다른 유럽 국가들에 비하면 아주 젊은 나라고, 원주민 마오리(Maori)족을 제외하고 나머지는 전부 이민자들로 이루어져 있어 모든 키위들의 성격을 단순화시킬 수는 없다. 하지만 내가 겪은 키위 사람들에게서 몇 가지 공통점을 찾을 수 있었다.

키위들은 느긋하고 태평하며, 친절하다. 키위들 스스로도 그렇게 생각하고 있으며, 전체 인구가 400만 명밖에 안 되는 작은 나라라 대부분 시골 사람들 같다. 인구의 3분의 1이 모여 사는 오클랜드(Auckland)는 국제적인 도시의 특징을 띠기 때문에 상냥함을 느끼기는 힘들지만, 지방으로 가면 갈수록 키위 특유의 발음과 친절함을 만날 수 있다. 길에 걸어가다가 반대편에서 걸어오는 사람과 눈이라도 마주치게 되면 많은 사람들은 눈 인사나 "모닝" 하며 아침 인사를 하고 지나가는 편이다.[1]

이들은 아웃도어 액티비티와 바비큐를 참 좋아한다. 풍부한 자연과 바다가 바로 집 근처에 있어 바깥에 나가 액티비티를 쉽게 접하고 즐길 수 있다.

---

[1] https://www.nzherald.co.nz/nz/news/article.cfm?c_id=1&objectid=11188987

그래서 해변이나 공원 근처에 공동으로 사용할 수 있는 바비큐 시설과 우리가 한번쯤 꿈꾸는 '캠핑카 여행'에 적합한 나라라 할 만큼 캠핑 시설과 업체들이 잘 갖추어져 있다. 여름 주말, 근처 바다에 나가면 항상 물놀이, 서핑을 하거나 수영, 패들보딩(Paddle boarding, 서프보드에 일어나서 배 젓는 것처럼 서핑보드를 젓는 것)을 하는 사람들, 뭍에서는 남녀노소 가릴 것 없이 조깅, 그룹 피트니스를 하는 사람들을 흔히 구경할 수 있다. 또 한편에서는, 캠핑장의 바비큐 그릴에 소시지와 스테이크가 구워지길 기다리며 한 손에는 맥주병을 들고 마시는 배 나온 키위 사람들을 볼 수 있다. 이런 모습은 어느 지역에 가던지 볼 수 있는 흔한 뉴질랜드의 모습이다.

이렇게 캐주얼하고 있는 그대로 즐기는 것을 좋아하는 키위다보니, 트랜드, 유행, 패션이라는 단어와는 거리가 멀다. 거리를 걷다 보면 신발을 신지 않은 맨발, 속살이 훤히 보이는 헐렁한 나시와 반바지 차림으로 스케이트 보드를 타는 모습이 이 나라 혈기 넘치는 십대들의 전형적인 모습이다. 어떤 브랜드의 옷을 입고, 어떤 가방을 들고 다니냐에 따라 그 사람을 판단하는 하나의 기준으로 삼는 요즘 경향과는 달리, 세일즈 관련 일을 하거나 패션에 관심 있는 사람이 아닌 이상 외모나 옷에 크게 개의치 않아 보인다. 패션 강국인 이탈리아가 뉴질랜드 옷차림을 본다면 아마 거지처럼 하고 다닌다며 못마땅해 여길 것이 뻔해 보인다.

한 번은 강연장에 가서 한 남성을 만나 대화를 할 기회가 있었다. 청바지

219

와 스웨터를 입은, 옆집에서나 볼 수 있는 흔한 얼굴과 옷차림의 전형적인 50대 아저씨였다. 강연이 어땠냐며 이야기를 하다가 자연스레 평소에 무슨 일을 하는지 이야기가 오갔는데, 여러 회사의 투자자로 자문하고 그중 한 회사는 자기가 CEO로 운영한다는 말에 나는 속으로 적잖이 놀랄 수밖에 없었다. 아니, 투자자라면 돈이 많을 테니 비싼 옷도 입고 꽤 거만할 것이라 생각했는데, 수더분하고 옷차림에는 전혀 신경 쓰지 않은 동네 아저씨로밖에 보이지 않았다.

주변 환경이 사람을 적응시키듯, 이제는 나도 회사를 나가는 평일 외엔 신경을 쓰지 않게 된다. 화장도 잘 하지 않게 되고 집에 입었던 옷 그대로 편하게 바깥에 나가는 것이 점점 빈번해지니 말이다. 그러다 한 번씩 한국에 입국했다 하면 상대적으로 전부 잘 차려 입은 사람들을 보곤 눈이 번쩍 뜨인다.

'내가 지금 뭘 입고 있는 거지? 내가 너무 허름해보여!' 내가 너무 뉴질랜드 패션에 취했구나! 그렇기에 동대문 운동장 역에 나가 새 옷을 구매하는 일은 한국에 도착하면 꼭 하는 일이다.

워킹홀리데이 비자를 받고 농장에서 일하는 젊은이들 중 가장 일을 열심히 하는 사람은 대부분 한국인일 가능성이 높다. 같은 시간 내에 더 많은 돈을 벌기 위해서 이기도 하겠지만, 모든지 '남들보다 열심히, 남들보다 빠르게' 해야 한다는 조건반사적인 행동도 한몫을 한다. 이와는 대조적으로 키위들은 남들보다 더 잘 하려고 하는 경쟁심이 한국인보다는 적다. 한 번 고용이 되면 큰 실수가 없는 이상 마구잡이식의 해고나 압박을 할 수 없을 뿐더러, 사람이 귀하다 보니 이곳에서 적합한 사람을 취업 시장에서 찾기까지 걸리는 시간도 상당하기 때문이다.

그래서 뉴질랜드에서 뭘 하든 한국처럼 빠른 서비스는 찾기 어렵다. '아니, 저렇게 게을러서 어떻게 돈을 벌 수는 있겠어?' 뉴질랜드로 갓 이민 온 한국 사람이 있다면 키위들이 하는 일의 속도를 보고 고구마를 먹은 것마냥 답답해한다. 만약 물건을 온라인으로 구매해서 일주일 만에 왔다면 빨리 온 것이라 보면 되고, 보통 2주 정도 넉넉하게 잡고 기다려야 한다. 신용카드에 문제가 있어 다시 신청하고 받기까지 한 달이 넘게 걸린 적도 있으니 '물은 물이요 산은 산이로다' 같은 마음으로 기다리는 것이 스트레스를 줄일 수 있는 방법이다. 이러한 이유에서인지, 키위들은 웬만한 DIY 기술을 장착하고 있다. 어차피 목 마른 사람들이 구덩이를 파듯, 조급해하는 쪽은 서비스를 필요로 하는 사람이니, 배관공이나, 타일 교체 등 전문적인 인력이 필요한 기술이 아닌 이상 웬만한 것들은 알아서 처리한다. 페인트 칠은 기본, 정원 관리, 선반 달기 등 자잘한 DIY는 필수 중의 필수다. 나도 한국에서는 한 번도 해보지 않았던 욕실 타일 줄 눈에 덧방할 줄은 몰랐다.

가장 놀랐던 것은 2014년 오클랜드에 500가구가 훨씬 넘는 지역 정전이 나는 사태를 겪었을 때다. 처음에는 반나절 안에 정전이 고쳐지겠지 하고 생각했지만 그 다음 날, 다음다음 날에도 전기가 들어오지 않았다. 정전이 이렇게 오랫동안 지속된다는 이 믿기지 않는 사실에 '뉴질랜드가 이렇게 후진국일 줄이야!'라며 놀랐지만, 그것보다 더 놀랄 수밖에 없었던 것은 별일 아니라며 대수롭지 않게 생각한 사람들의 태도였다. 한국은 4시간만 정전이 되도 일에 지장이 생기는데, 마치 아무 일도 아니라는 듯 교통 신호등에 불이 들어오지 않아도 차들은 알아서 운행되고 있었다. 결국 정전은 5일 만에 해소가 되었는데, 그동안 신호등 문제뿐 아니라 마켓 등, 모든 상점들이 문을 닫을 수밖에 없었다. 실제로 1998년, 5주간 오클랜드에 정전이 났었던 사례가 있는 것을 보면 아마 이들에게는 5일은 아무것도 아닌 걸 수도 있겠다는 생각이 들었다.

이렇듯 느긋한 서비스 덕분에 그것에 적응하기 위한 나만의 노하우가 생겼다. 무엇을 하든 예약을 미리 해놓는 것이다. 금요일 밤 괜찮은 레스토랑을 예약하려면 일주일 전에, 필요한 물건을 온라인으로 구매해서 받아보려면 넉넉잡고 3주 전에, 국내 여행 숙소를 잡으려면 최소 4달 전에 예약을 다 끝내 놓는 것이다. 그래야 원하는 날짜와 시간을 잡을 수 있고 계획대로 진행될 수 있다.

겨울 막바지, 집에 히터기를 설치하려고 히터 서비스에 전화를 돌렸다. 뉴질랜드는 오래된 집이 많아 난방이 잘 안 되는 집이 많은데, 우리집도 그중 하나라 빨리 설치를 해서 남은 겨울이라도 좀 따뜻하게 지내보고자 해서다. 하지만 역시나, 방문만 하는데 3주는 기다려야 하고 상담 후 설치 하려면 또 몇 주가 걸릴지 모른단다. 아무렴 뉴질랜드 아니랄까 봐! 아무래도 이번 겨울에는 히터기를 쓰지 못할 듯하다. 하지만 어쩌랴, 올해에 설치해야 내년 겨울에 따뜻하게 지낼 수 있으니, 한여름에 히터기를 설치하는 한이 있더라도 계속해서 기다릴 수밖에 없다. 키위 사람들의 여유로운 마음은 아마도 느린 서비스를 견디기 위해 만들어진 것은 아닌가 싶다.

02
현지 키위의
현란한 영어 발음

○　○　○

　'뉴질랜드 영어는 미국식인가요? 영국식인가요?'라는 질문을 자주 받는다. 뉴질랜드 영어 발음을 대중 매체에서 접하기 어렵기 때문에 들어본 적은 거의 없을 것이다. 이들의 발음은 버터를 많이 바른 미국식도 아니고, 똑 부러지게 말해야 하는 영국식도 아닌, 그 중간 어딘가에 있는 미묘한 발음이다. 군이 비교하자면 호주 영어와 제일 비슷하다고 생각하면 되겠다. (키위들은 이 말에 동의하지 않을 것이다.)

　뉴질랜드 도착 후 초반, 어학원에서 선생님과 학생들과 함께 대화했을 적에는 내 영어가 꽤 된다고 생각한 적이 있었다. 그들과 대화 하는데 불편함을 느끼지 못했고, 의사소통이 원활했기 때문이다. 하지만 따뜻한 어학원을 떠나 추운 사회에 나가 키위 현지인들과 일하다 보니 나의 근거 없는 자신감은 모래성처럼 간단하게 무너졌다. 사람마다 말하는 방식이 달랐고, 말의 속도가 빨라 짧게 줄인 것처럼 들렸다. 거기에 뉴질랜드 원주민, 마오리 족들이 쓰는 마오리어에서 온 발음 특성과 아일랜드, 스코틀랜드, 영국 이주민들의 억양이 섞여 뉴질랜드에서만 들을 수 있는 키위 특유의 구수한 영어가 만들어졌다. 그래서 미국식으로 배워온 토종 한국인에게는 그들의 영어가 처음에는 너무나도 낯설게만 들렸다.

뉴질랜드 영어에 대한 특성을 꼽으라면 세 가지를 꼽을 수 있겠다. 모음의 변형, 질문형의 끝맺음, 마오리어에서 온 단어 변형과 키위들만 사용하는 단어들이다.

첫째로 뉴질랜드 발음 중 확연히 드러나는 것 중 하나는 바로 영어 모음 변형이다. 가장 대표적인 예로, 영국 음식 중 생선을 튀겨서 감자칩에 내는 음식 피쉬 앤 칩스(Fish and Chips)는 뉴질랜드에서도 흔히 볼 수 있는 음식이다. 이 음식을 발음할 때, 뉴질랜드에서는 퍼쉬(Fush)-앤-첩스(Chups)라고 /i/ 발음을 /u/로 낸다. 호주는 모음을 늘려서 코맹맹이 소리를 내듯 입모양을 찢어 피이쉬(feesh)-앤-치이입스(Cheeps)라고 발음하는 것과는 많은 차이가 있다.

특히 e/ㅔ/와 i/ㅣ/ 모음 변형은 매우 심하다. 입 모양을 가늘게 하고 소리를 내는데, 곰(Bear)을 영어로 /베어/라고 발음하는 것을 /비어/라고 발음하여 맥주(Beer)인 /비어/와 헷갈리기도 하고, 의자(Chair) /체어/를 건배(Cheer)를 뜻하는 /치어/처럼 발음을 한다. 뉴질랜드 항공사 에어 뉴질랜드(Air New Zealand) 비행기를 이용한다면, 기내 안전 비디오에 나오는 승무원들이 어떻게 말하는지 귀 기울여 들어보면 재미있다. 그들은 에어 뉴질랜드라고 하지 않고 이어 뉴질랜드(Ear New Zealand)로 발음하기 때문이다.

나도 회사 직원과 이야기하던 중, 이런 뉴질랜드 발음에 헷갈린 적이 있었다. 이야기를 한참 하다가 갑자기 직원이 핀(Pin)을 찾길래, "뭘 꼽으려고 핀(Pin)을 찾는 거야?"라고 물어보니, 그는 펜을 집어 들며 찾았다고 하는 것이다. 알고 보니 그는 펜(Pen)을 핀(Pin)처럼 발음한 것이다. 머리가 아플 때 헤드(Head)는 히드(Heed), 어떤 일이 너무 잘 되어서 판타스틱(Fantastic)하면 그들은 펜타스틱(Fentastic)이라 말한다.

둘째로 뉴질랜드에서는 문장이 끝날 때 말 끝을 올린다. 시골이나 지방에서 거주하는 사람들 말고도 뉴질랜드 전역에서 들을 수 있는 특징인데, 문장이 끝난 것 같지 않고 마치 질문처럼 끝맺는다. 처음에 들을 때는 질문인지 아닌지 헷갈릴 때가 있는데, 듣다 보면 이렇게 말을 하는 키위들이 대화를 좀 더 캐주얼하게 하고 명랑한 느낌이 들도록 하다 보니 습관처럼 굳어진 것 같다. 나도 이제는 뉴질랜드 억양에 적응 되어 자연스럽게 말꼬리를 올리는 습관이 생겼다.

마지막으로 마오리 족이 사용하는 마오리어는 뉴질랜드 영어에 큰 영향을 주었다. 그래서 뉴질랜드에서만 들을 수 있는 새로운 단어들을 접할 수 있다. 고구마는 영어로 스윗 포테이토(Sweet Potato)지만, 마오리어를 차용해 쿠마라(Kumara)로 불린다. 좋다는 뜻을 가진 Cheers(치어스)를 쳐(Curr)라고 부른다거나, 사촌이란 뜻의 커즌(Cousin)을 커즈(Cuz)로 바꾸는 등 자기네 식으로 짧게 줄인 단어들이 뉴질랜드 전역에서 쓰이고 있다. 물론 키위들도 처음에는 이런 발음을 구사하지는 않았다. 1970년대만 해도 영연방 국가답게 영국 발음을 선호하여 뉴스에도 그런 억양을 추구하고 지향해온 것을 볼 수 있었다. 하지만 세대가 점차 바뀌어 다른 나라와는 다른 키위만의 영어 발음이 발전되었다.

영어를 배우고자 유학 오는 사람들이 있다면 이런 특징이 있는데도 뉴질랜드가 영어 배우기에 적합한 곳인지 궁금증이 들 것이다. 우리가 키위 영어를 배우면 좋은 점이 무엇이 있을까? 빠른 키위 영어 속도와 발음에 익숙해지면 상대적으로 다른 나라 영어가 더 쉽게 들리는 이점이 있다. 특히 미국, 캐나다 사람들을 만나게 되면 키위보다 천천히, 그리고 또박또박 말하기 때문에 영어가 귀에 아주 잘 들리는 신기한 경험을 할 수 있다. 물론 그렇다 할지라도 스코틀랜드나 아일랜드, 웨일즈의 영어는 자기네끼리도 못 알아들을 정도로 괴악하니 못 알아듣는다고 미리 좌절하지 말자. 반대로, 영국으로 놀러 간 키위 사람의 발음을 영국 사람들도 못 알아듣는다고 간혹 말하는 경우도 있다. 영어를 쓰는 사람들끼리도 서로를 못 알아듣는 상황인데 제2 외국어 하는 우리들이 그들의 영어를 못 알아듣는 것은 어찌 보면 당연하다. 남에게 폐 끼칠까 봐 아는 척 대답 없이 넘어가는 것보다, 모르면 솔직히 못 알아들었다고 다시 한 번 말해달라고 당당하게 묻는 것이 낫다.

그들이 사용하는 영어 표현 중 한두 가지를 더 소개하겠다. 'Yeah~ Nah~(예~ 나~)'는 '아니!'라고 한 단어로 거절하기 어려울 때 키위들이 사용하는 표현이다. 의외로 키위들은 거절을 어려워하는데, 상대방의 마음을 상하게 하지 않기 위해 '예스'를 먼저 말하면서 마지막에 '노~'를 말하다 보니 '예~ 나~'가 되어버렸다. 대신 긍정적 반응으로 사용하는 대답들은 여러 가지인데, 초이스(Choice), 스윗 애즈(Sweet as), 쳐(Chur)가 그런 것이다. 쿨(Cool), 나이스(Nice)대신 키위들이 더러 사용하는 대답이다.

영국 공영방송 BBC에서는 키위 영어가 영국 영어 이외에 가장 매력적인 영어 발음이라는 조사를 발표하기도 했다. 이처럼 듣다 보면 익숙해지고 친근해지는 것이 뉴질랜드 영어다. 이들의 영어 발음을 찾아서 듣고 싶다면, 뉴질랜드 출신 코미디언 리스 다비(Rhys Darby)와 코미디 음악 밴드 플라이트 오브 더 콩코드(Flight of the conchords)를 인터넷에서 검색해 그들이 이야기하는 것을 들어보길 바란다. 가장 최근에 나온 영화 데드풀 2(Deadpool 2)에서 나온 10대 청소년 줄리안 데니슨(Julian Dennison)이 키위 출신인데, 마오리 출신 키위라 좀 더 특이한 뉴질랜드 발음을 들을 수 있다. 또는, 유튜브 (www.youtube.com)에서 'How to DAD'를 검색하여 일반 키위의 발음을 들어보는 것도 도움이 된다. 혹시 이들의 발음이 궁금하다면, 뉴질랜드 사람을 만나 그들에게 한번 물어보자. There, Their, Here, Near, Hair가 거의 똑같이 들릴 것이다.

03
내가 한인 커뮤니티에
나가지 않는 이유

○ ○ ○

　해외로 나가면 한국에 있는 많은 사람들에게 이와 같은 조언을 듣는다. "한국 사람 조심해야 된다, 뭣 모르고 해외 나간 사람들 대상으로 사기치는 한국인들 많아", "한국 사람들끼리 어울리면 안 된다. 영어 절대 안 는다~"

　이런 말을 많이 들어서일까? 뉴질랜드 한인회나 한인 커뮤니티에 나가지 않고 마치 쓸쓸한 늑대처럼 구석 어딘가에 숨어 혼자 살고 있는 나는 소위 '아웃사이더'다. 뉴질랜드에서 만나고 친구로 지내는 한국 사람은 손에 꼽을 정도다. 뉴질랜드 초반 어학원에서 만난 언니들, 머리 하러 갔다가 만난 헤어디자이너, 물리치료사를 통해 만난 퍼스널 트레이너, 인터넷 블로그를 통해 만난 동갑내기 간호사 친구, 회사에서 계약직으로 잠깐 일했던 뉴질랜드 20

년차 언니. 이렇게가 내가 알고 있는 한국 사람들의 전부다. 그래서 누군가가 나에게 뉴질랜드의 한인 사회는 어떠냐고 물어보면 솔직히 아는 것이 없어 머리를 긁적이곤 한다.

오랜만에 김치랑 라면을 사러 한국 슈퍼에 갔다가 한쪽에 비치되어 있는 잡지를 발견했다. 뉴질랜드 내 가장 큰 규모를 자랑하는 한인 웹사이트인 〈코리아 포스트〉에서 낸 잡지였다. 호기심에 한 권을 집어 왔다. 무엇이 잡지 안을 장식하고 있을까? 잡지 겉면은 벼룩시장처럼 온갖 광고로 꾸며져 있었다.

혹시나가 역시나랄까, 잡지를 펴자마자 최소 50대 후반 독자층을 겨냥한 듯한 내용을 볼 수 있었다. 잡지 내에 있는 대부분의 칼럼들은 '박사'나 '회장', '의사' 같은 거창한 이름과 자리를 가진 사람들이 쓴 글로 채워져 있었고, 그 글들은 마치 내가 90년대 신문을 보는 것과 같은 착각이 들 정도로 지금 세대와 정서가 맞지 않는 내용들로 이루어져 있었다. 다음 장을 넘기자, 한쪽 짜리로 크게 장식한 한 면에는 한인회 특별 회계 감사 부위원장이라는 사람이 남긴 글이 배치되어 있었다.

[친애 하는 교민 여러분께 - 한인회 임시 총회 때 기자의 취재에 대해 감정적인 대응을 한 부분에 대해 사과드립니다.]

무엇을 사과드린다는 것일까? 왜 기자의 취재에 발끈해서 감정적이 되었을까? 이유가 궁금해서 인터넷으로 찾아보기 시작했다.

사건의 발단은 이렇다. 오클랜드 교민 사회에 거듭 제기되고 있는 한인회

회계 운영에 대한 의혹이 커지자 회계 감사를 요청한 상태다. 감사를 진행할 것인지 안 할 것인지 결정이 내려지는 투표 상황에서도 부정 처리되는 장면까지 목격되어, 감사 투표마저도 무효화가 된 상황이 발생한 것이다.

한인회는 한국 내의 시와 여러 곳 으로부터 후원을 받는 것으로 알려져 있는데, 이 부분에 대해서 회계가 제대로 이루어지지 않고 있다는 제보들이 한둘이 아닌데도 감사를 진행하려 하지 않는다는 것이다. 그리고 이런 것을 끈질기게 취재한 기자에 대해 감정적인 대응을 한 것이다.

"아우 말도 마라~ 여기도 나라 망신시키는 한인 사기 정말 많다."

캐나다에 사는 대학 동기가 혀를 끌끌 찼다. 자기가 살고 있는 캐나다 밴쿠버에서는 한국인들의 렌트 사기가 극성이라 했다. 집 주인 대신 렌트할 공간을 빌려주는 관리를 하는 임대 사업이 있는데, 이 임대인 역할에 있는 한국 사람들이 문제라고 지적했다. 임대인이 점검하러 온다는 핑계로 한국 여성이 혼자 있는 집에 들어오는가 하면, 온갖 빌미와 핑계로 보증금을 반환해주지 않았다는 사기가 많았다고 한다. 한번은 캐나다 국적 한인이 유학생 대상으로 벌인 사기 행각이 뉴스에도 나올 정도였는데[2], 온라인에 남의 집 사진을 올리고 연락해온 유학생들에게 미리 선불로 계약금을 받고 달아나는 수법으로, 집을 렌트하기 어려운 유학생들을 주요 타깃으로 노렸다. 한국 외

---

2) https://joyvancouver.com/%EC%9C%A0%ED%95%99%EC%83%9D-%EB%8C%80%EC%83%81-%EC%82%AC%EA%B8%B0-%ED%95%9C%EC%9D%B8-%EC%88%98%EB%B0%B0-%EC%A4%91/

에도 일본, 대만 사람들까지도 이 남성에게서 보증금을 받지 못해서 한인 남성을 조심하라는 웹사이트까지 만들어졌다.[3] 현재 그 남성은 체포되었지만, 사기 당한 유학생들은 돈을 돌려받기 힘들어 보였다.

워킹홀리데이 비자로 호주로 농장 일을 하러 간 사촌 오빠도 비슷한 일을 겪었다. 농장 일과 인력을 연결해주는 중간 역할을 하는 사람이 있었는데, 그 사람이 중간에 돈을 갖고 튀는 바람에 돈이 수중에 없어 한국 집으로 전화해 도움을 요청할 수밖에 없었다. 사촌 오빠 말고도 호주에 가서 농장 일을 하는 사람들 중 사기 당했다는 글을 인터넷에서 빈번히 볼 수 있다. 그것 외에 최저임금도 주지 않고 일을 시키는 캐쉬잡의 경우, 일을 잘 하는지 트라이얼(Trial) 기간 동안 시험해보겠다며 일만 잔뜩 시키고 자기 가게와는 맞지 않는다는 이유로 해고시키는 사업주도 있었다. 캐나다, 뉴질랜드, 호주···. 그 어디에 있던 간에 한인사기라는 어두운 그림자가 드리워져 있었다.

한국인에게 사기를 당하지 않으려면 한 가지 방법밖에 없다. 한국인을 만나지 않고, 모든 정보들을 스스로 알아보는 것이다. 하지만 언어적인 문제로 정보를 쉽게 얻을 수 있는 한인 사회를 한번에 끊기란 쉽지 않다. 아무 연고 없이 해외로 나오는 사람들에게 한인사회는 정신적으로 기댈 수 있는 곳이란 것을 인정하지 않을 수 없다. 그중 한인 교회에서 '교'만 빼면 한인회라고,

---

3) https://kimbumjoon.com/

모든 한인 커뮤니티는 교회에서 이루어지는 경우가 많다. 종교가 다름에도 불구하고 한인 교회는 마음의 안정을 줄 수 있는 장소와도 같을 것이며, 이곳에서 많은 인연을 만날 수 있는 기회, 어떤 이들에게는 또 좋은 발판이 되기도 한다. 그리고 실제로 그중 많은 사람들은 순수한 의도로 도와주는 사람들이다.

하지만 단지 한국 사람이기 때문에 신뢰할 만하다고 쉽게 판단하고 의지해서는 안 된다. '구두 계약이지만 한국 사람이니까 괜찮겠지', '내 친구도 아는 한국 사람이니까 괜찮겠지', '에이~ 같은 한국 사람끼리 사기를 치겠어?' 라며 그들이 말하는 것을 쉽게 믿어버린다. 그 사이, 쉽게 믿어버린 관계를 틈타 순식간에 피해자를 만드는 것이 한인 사기다. 해외에 있으면 같은 자국민끼리 만나서 의지하며 사는 것도 빠듯한데, 사기를 당하면 돌아오는 정신적 데미지는 훨씬 크다. (물론 정말 사기를 작정한 사람을 만나면 어쩔 도리가 없다.) 나는 다행히도 뉴질랜드에서 한인 사기를 당해본 적이 없다. 아예 한인 커뮤니티에 나가지 않기 때문이다.

나는 왜 한인 커뮤니티에 참여하지 않을까? 한국 사람들은 한국에서도 많이 사귀어봤으니 이왕이면 해외 친구들도 사귀어보는 게 좋지 않을까 하는 생각이 컸다. 뉴질랜드로 온 이상 이곳 사회와 현지인들과 어울리고 그들로부터 정보를 얻는 것이 뉴질랜드 사회에 적응하는 데 더 좋을 것이라 생각한 부분도 있었다. 물론 처음에는 나와는 많이 다른 라이프 스타일과 그것에서 오는 가치관 차이 때문에 힘들 때도 있었지만 그들이 어떻게 생각하는지 알고 자연스럽게 이들의 사고 방식을 받아들일 수 있는 기회가 되었다. 그렇게 되다 보니 오히려 거꾸로 한국 사람에게서만 볼 수 있는 행동들을 이해하지 못하는 상황이 생기기 시작했다. 초면에도 아무렇게나 하는 질문들이 불편해진 것이다. "비자는 무슨 비자 갖고 있어요? 일은 어떻게 구했어요? 연봉은 얼마에요? 나이는 몇 살? 일은 무슨 일? 돈 많이 받아요? 남편은 키위 사람이에요, 한국인이에요? 결혼했는데 애는 낳아야지~"

단지 한국인이라는 공통 분모 때문에 처음보는 사람에게 무례한 질문을 서슴없이 하는 사람이 있다. 나이가 어린 사람들에게는 편하게 행동하고 막 대해도 된다는 생각, 그 와중에 자신이 싫은 사람이 있으면 그 사람에 대한 뒷담화가 이어지고 곧 한인 사회에 소문으로 나돈다. 한국에서 살았던 방식에서 벗어나 다르게 살기 위해 뉴질랜드로 이민 왔을 텐데, 그 방식에 전혀 벗어나지 않고 사는 경우다.

집단 의식으로부터 나온 행동들도 점차 하나씩 부각되기 시작했다. 술을 마시면 매번 '짠'을 하는 소소한 것부터 나이에 구속받는 것, 혹은 남성(또는 여성)이기에 취해야 할 성별로 나뉘는 여러 가지 행동, 남들이 하는 건 다 해야 하는 집단 행동, 소수의 의견은 무시되고, 모르는 사람에게는 적대적인 자세를 보이는 것 등, 나도 계속 했었을 법한 행동들이 눈에 보였다.

한인회는 어떤 곳일까? 한인들이 주로 활동하는 것은 커뮤니티는 어떤 느낌일까? 뉴질랜드라는 작은 나라에 아주 작은 한인회에도 인맥과 정치로 혼잡한데, 참여라도 했다가 오히려 나에 대한 모든 정보와 루머들로 나를 이상하게 볼 것이 뻔해 보이는 건 나만의 노파심일까? 다들 한마디씩 말한다. 뉴질랜드 한인 커뮤니티는 매우 작아서 소문이 금방 난다고 말이다. 그래서 한인회도, 어떠한 한인 커뮤니티도 첫발을 들이기에는 용기가 많이, 꽤 많이 필요한 건지도 모른다. 물론 이 모든 것은 키위 사이에 조용히 묻혀 사는 한 한국 아웃사이더의 생각이다.

04
우리는 파트너십?
관계의 다양한 종류

○ ○ ○

30대가 되고 나서도 뉴질랜드에서 외국인 노동자 신분으로 일을 하며 사는 동안, 한국의 또래 친구들은 서른 살 경계를 중심으로 앞서거니 뒤서거니 결혼을 착착 준비해나가던 시기가 있었다. 모바일 결혼 청첩장, 결혼식 사진들이 페이스북, 카카오톡 프로필 사진으로 도배가 되더니, 좀 더 시간이 지나자 이제는 새로 태어난 아기들 사진으로 도배가 되는 것이 아닌가! 멀리 뉴질랜드에서도 느껴지는 한국의 '결혼 적령기'라는 소용돌이가 나에게도 마수를 뻗쳤다.

"나도 빨리 결혼해야 하는 거 아니야? 이미 늦은 거 아닐까?" 심리적 압박감이 저 멀리 태평양 바다 건너서도 느껴졌다. 만약 한국에 있었다면 더 심한 압박감이 있었을 것이란 생각에 한편으로는 안도감이 들었다.

뉴질랜드에는 다양한 관계들을 볼 수 있다. 결혼한 사이만 인정해주는 한국과는 달리 결혼만 안 했지 거의 결혼한 것처럼 재산을 같이 나누면서 사는 사람들, 같은 성별로 이루어진 동성 커플들, 젊은 커플이든 나이 많은 커플이든 결혼을 안 하고 그냥 오랫동안 동거를 하는 사람들, 결혼을 했으면서도 아이를 가지지 않는 커플들, 결혼은 안 했지만 아이는 있는 커플 등 다양하다.

뉴질랜드 이민성에서는 이런 다양한 관계(Relationship)에 대해 크게 3가지로 분류[4]한다.

—— 법적으로 결혼(Marriage)한 관계

—— 시민 결합(Civil Union) 관계

결혼과 같이 공동재산이 있고 시민 평등권이 있는 관계이다. 이성, 혹은 동성에서도 이 관계를 인정 받을 수 있다.
동성결혼 합법 이전에 주로 동성커플에게 같은 권리를 부여하기 위해 사용한 제도. 주 (state) 레벨에서만 인정한다.

—— 디 펙토(De facto) 관계

두 사람이 결혼을 하거나 시민 결합 관계를 가지지 않았으나 같이 살고 있는 관계. 사실혼 관계로 생각하면 된다.

---

4) 이민성의 관계 분류: https://www.immigration.govt.nz/new-zealand-visas/apply-for-a-visa/tools-and-information/support-family/partnership

그리고 이 모든 것을 통틀어 파트너십(Partnership)이라고 부른다.

　결혼은 아이를 낳게 되거나, 법적인 절차가 필요한 시점에 보호받기 위해 하는 사람이 많다. 물론, 결혼을 하는 이유가 오직 법적인 절차 때문에 하는 건 절대 아니다. 결혼이 가지고 있는 의미, 허즈밴드, 와이프의 명칭 등 결혼을 통해서만 받을 수 있는 것이 있다. 이와 같은 것들은 동성 커플이 오랫동안 동성 결혼 제도를 기다린 이유이기도 하다. 그런 사람들은 결혼을 하는 것이 옳다. 하지만 많은 키위들은 디 펙토 관계에서 법적으로 보호를 받게 되기에 굳이 결혼까지 할 필요성에 대해 느끼지 못한다. 디 펙토라는 이름 아래, 3년 이상 같이 동거하면서 재산 공유가 된 경우에는 헤어질 때 재산 분할을 5:5로 할 수 있기 때문이다. 같이 살다가 헤어지게 되면 어느 한쪽이 물건을 다 가져간다거나 하는 그런 불공평함을 법적으로 해결해준다는 것이다.[5] 냉정하게 들릴지는 모르지만, 혹시나 모를 상황을 위해 커플이 되더라도 처음부터 통장을 합치지도 않는 젊은 키위 커플도 많다. 내가 아는 키위 친구는 아이가 두 명이나 있는데도 불구하고 결혼하지 않고 계속 살고 있다. 이처럼 이런 케이스가 뉴질랜드에서는 매우 흔한 편이다. 뉴질랜드 총리

---

5) 한쪽이 재산에 엄청난 기여를 해서 불평등하다고 생각할 경우, 이미 파트너를 만나기 전에 자기 재산의 집인 자기 명의로 되어 있는 것들은 제외하며, 3년 이상 살았다는 증거를 내야 한다. 아이를 키우는 것도 일을 한 것으로 규정한다.
https://www.justice.govt.nz/family/separation-divorce/divide-relationship-property/how-fc-divides-property/

제신다 아던(Jacinda Ardern)도 디 펙토 관계로 파트너와 아이를 낳아 키우고 있다.

한국도 사실혼이라는 오랫동안 동거한 관계를 지지하지만, 법적으로 재산 관리 등을 전부 보호해주지 못하는 경우가 많다. 그리고 딸이 있는 부모들에게는 결혼 전 동거에 대해 인식이 좋지 않고, 부모님 집에서 결혼 전까지 같이 사는 경우도 볼 수 있다. 뉴질랜드는 18살 이상이 되면 대부분 부모님과 따로 떨어져 나와서 사는데, 혼자 자취를 하는 것보다 돈을 좀 더 절약하기 위해 여자친구, 남자친구와 같이 플랫을 공유해서 사는 경우도 자연스럽게 볼 수 있어서 디 펙토 관계는 결혼 전에 거쳐가는 한 과정처럼 보이기도 한다.

미국 드라마 〈모던 패밀리(Modern family)〉는 두 사람의 파트너십뿐만 아닌 다른 관계도 생각해 볼만한 이야기를 다룬다. 백인 60대 제이(Jay)는 아내와 이혼 후 젊은 40대 히스패닉 여성과 결혼하여 가정을 꾸렸다. 제이에게는 자식이 두 명이 있는데, 제이의 딸 클레어(Clare)는 아버지의 히스패닉 와이프가 자신 나이가 비슷해서 미묘한 갈등을 겪고, 제이의 아들 미첼(Mitchell)은 동성애자이면서, 그의 남편과 함께 동양인 여자아이를 입양한다. 모던 패밀리는 이런 미묘한 세 가족이 등장하는 드라마다.

모던 패밀리는 과거에는 볼 수 없었던 새로운 가족 형성으로 인해 생기는 여러 에피소드들을 보여주고, 그런 에피소드를 통해 겪는 새로운 인간 관계의 충돌을 간접적으로 보여줌으로써 재미도 있지만 생각도 하게 만드는, 미국에서 유명한 드라마 중 하나다. 이혼과 재혼, 국제 커플, 성 소수자의 결혼, 입양, 인종 차별 등 자칫하면 심각해지는 여러 가지 문제를 재치 있게 그리면서, 해결하는 장면들이 많다.

뉴질랜드 사회 안에서는 다양한 파트너십도 존재하지만, 그 외에 많은 다른 관계들도 볼 수 있다. 키위 친구들과 이야기하다 보면 자연스레 가족 이야기가 나온다. 이혼한 경우, 입양했거나, 입양 당한 자신의 경험, 성 취향 고백, 난민 신청 등을 자신이 가지고 있는 그대로 관계와 상태를 인정하고 스스럼없이 공유하는 모습에 스스로 개방적이라고 생각했던 나조차 매우 충격을 받았다. '전 남편', '전 아내'라는 말을 회사 내에서 쉽게 귀동냥으로 들을 수 있는데, 창피하고 민감한 가족 문제를 함부로 발설하지 말라는 한국 사회와는 많이 다른 모습이다. 비밀처럼 꼭꼭 숨겨둬야 하는 일이 아니고 그냥 다른 관계를 인정하고 이상한 눈으로 쳐다보지 않는 것만으로도 내가 관계 맺기에서 얼마나 편향된 눈으로 바라왔는가를 느꼈다. 그리고 한편으로는 부러웠다.

겉으로 보기엔 괜찮아 보여도 속 사정 없는 집이 어디 있을까? 가부장적이고 술만 마시면 가정 폭력을 행사하는 아버지로 인해 이혼과 결혼을 여러 번 한 가정에서 보낼 수밖에 없었던 암울했던 나의 어린 시절은 판도라의 상자 같은 이야기다. 배 다른 동생이 있어도 없는 것처럼, 중학교 1학년 아버지를 피해 도망치듯 폭력의 집으로부터 빠져 나와 가난했던 엄마와 옥탑방에서 단 둘이 살게 되었던 과정들을 한국에 살고 있었을 때는 모든 것을 비밀로 감춰두고 살 수밖에 없었다. 친구들이 형제나 자매가 있냐고 물어보면 항상 혼자라고 대답해서 더 복잡해질 만한 다음 질문을 만들려고 하지 않았다. 그런 관계를 사람들이 받아들이지 않았고, 남이 알게 되면 어떻게 될까 걱정했다. 알게 되기라도 하면 '너는 가난하고 이혼한 집의 자식이구나' 하는 시각으로 바라보았기 때문이다. 그래서 나는 거짓말쟁이가 되었다.

국내 3분의 1이 이혼한다고 하는 현재 시대와는 다르게, 불과 10~20년 전만 해도 이혼한 가정은 실패한 것이라고 생각하는 사회 분위기가 있었다. 이혼 가정에서 자란 '실패한' 아이들과는 어울리지 말라는 분위기, 지금도 알게 모르게 그런 편견을 가지고 보는 사람들이 아직까지도 많다. 막장이라고 칭하는 한국 아침 드라마에 흔히 나왔던 레퍼토리는 "부모도 없는 주제에~"나, "부모 교육을 제대로 못 받고 자라서~"다. 주인공 인성에 대해서는 전혀 상관없이 주인공의 배경에 대해 비하하는 장면들이 수도 없이 노출되어 알게 모르게 듣고 익숙해졌다. 그래서 최대한 자신의 가정사를 이야기하지 않고, 그것도 모자라 사회에 나가서도 감춰야 하는 아픈 속사정을 가진 한국 사람들이 많다.

어릴 때는 그것이 많은 상처가 되었다. 문제가 되는 행동을 하면 가정환경 때문이라고 단정하고 그들의 자식에게 '저렇게 바라진 아이와는 사귀지 말라'며 으름장을 놓는 잘못된 시선을 가진 부모들이 있었다. 가끔씩 친구네 집에 놀러 가면 가족사진이 거실에 크게 걸려 있었는데, 그것이 부러워 한번이라도 가족사진을 제대로 찍어보는 것이 소원이었던 적도 있었다. 그 모습이 '가족'이라는 단어의 '완벽한' 형태로 보였기 때문이다. 하지만 뉴질랜드에서 살고 난 이후로는 내 안의 많은 것이 변했고, 나의 과거에 대해 굳이 감추지 않아도 된다는 자신이 생겼다. 어릴 때 가정 환경은 나의 의지와는 상관없이 만들어졌기 때문에 내 탓이 아니라는 것을, 그리고 아버지와 어머니, 자녀가 있는 것만이 가족의 형태라고 정의할 수 없다는 것을 깨달았다. 한국에 있었더라면 아주 오랫동안 깨닫지 못했을 생각이다.

물론 뉴질랜드가 개방적이라고 해서 모든 사람들이 그런 것은 아니다. 뉴질랜드는 2013년에 동성 결혼을 합법화한 15번째 나라가 되었지만, 법제화되는 과정에서 많은 사람들의 찬반이 있었다. 특히 동성 커플이 일반 부부처럼 똑같은 권리를 갖게 되면 생기는 다른 반작용이 크다며 반대하는 사람들이 많았다.

동성 커플이 합법적이면, 나중에는 아이를 키울 권리도 갖게 되는 것인가? 아이를 입양하는 과정에서 동성 커플은 적합한 것인가? 키우더라도 그 아이가 동성애를 먼저 알게 되는 악영향은 없는 것인가? 등등 여러 부정적인 의견이 나왔다. 기성세대와 종교 단체에서는 이런 민감한 부분에 대해 대체로 부정적일 수밖에 없었다. 취향 차이의 문제이듯, 그저 자신의 입맛에 맞지 않아 이유 없이 반대하는 사람들도 많았다.

하지만 이런 반대에도 불구하고 합법화를 하게 된 것은 성적 취향이 다른 사람들도 여느 다른 커플들과 똑같이 국가에서 인정해주어야 하는 '인간의 권리'가 우선이었기 때문이다. 그들은 남들처럼 자신들을 인정해주길 바라는 작은 소망뿐이다. 이 법안이 통과될 때 뉴질랜드 보수당 국회의원 중 한 명인 모리스 윌리엄슨(Morris Williamson)의 법안 스피치는 인상적이다. 그는 이렇게 말했다.

"The sun will still rise tomorrow. Your teenage daughter will still argue back to you as if she knows everything. Your mortgage will not grow. You will not have skin diseases or rashes, or toads in your bed.

The world will just carry on. So do not make this into a big deal. This bill is fantastic for the people it affects, but for the rest of us, life will go on.

(내일의 태양은 다시 떠오를 것입니다. 당신의 10대 사춘기 딸은 모든 것을 다 안다는 것처럼 여전히 대들 것이고, 당신의 주택 모기지는 전혀 늘어나지도 않을 겁니다. 피부병이 생기거나 두꺼비가 침대에 나타나는 일도 없을 것입니다. 세상은 그저 계속될 것입니다. 그러니 너무 큰일처럼 생각하지 마십시오. 이 동성 결혼 개정안은 법이 적용되는 사람들에게는 환상적이겠지만, 다른 사람들의 삶은 예전과 같을 것입니다.)"

물론 모리스는 이 법을 지지한 이후로 어쩔 수 없이 어르신들에게 질타 받는 것을 감당해야 했지만 말이다.

파트너십(Partnership) 관계, 우리는 이 관계를 어떻게 받아들일까? 우리는, 한국은 결혼 외에도 다른 형태의 관계를 받아들일 수 있을까? 그리고 우리는 다른 가족의 형성을 있는 그대로 받아들일 수 있을까? 한국 사회가 받아들이기에는 아직까지 좀 더 시간이 필요해 보인다.

05
뉴질랜드는
페미니즘의 나라?

○   ○   ○

뉴질랜드에 살다 보니 한국에 사는 지인이나, 지나가며 만나는 사람들에게 뉴질랜드에 대한 질문을 받는다. "자연이 그렇게 좋다면서요?", "뉴질랜드는 언제 가는 게 제일 좋은 시기인가요?" 등 여행에 대한 질문도 많이 받지만, 남성 분들이 물어보는 특정 질문이 있다.

"뉴질랜드는 남자들이 살기 별로라면서요?"

"뉴질랜드는 여자들이 그렇게 기가 세다면서요?"

인터넷에 떠도는 뉴질랜드에 대한 잘못된 정보와 루머들을 접하고 실제로도 그와 같은지 종종 물어보는 경우다. 나는 이 루머에 대해 이야기해보고자 한다.

뉴질랜드가 왜 여성의 힘이 강한지에 대해 이유를 꼽자면, 대다수가 여성의 참정권에 대해 언급한다. 맞다. 뉴질랜드는 전 세계 최초로 여성이 투표할 수 있도록 제정한 나라다. 1893년 9월 19일, 여성도 투표를 할 수 있는 법안이 국회에 통과되었다. 선진국이라는 영국조차도 1928년에 여성이 투표를 참여할 수 있도록 제정된 것과 비교하면 무려 30년이나 빠르다. 그 당시의 한국과 비교하자면 성리학으로 남녀칠세부동석이 너무나 당연했던, 실로 호랑이 담배 피던 시절에 뉴질랜드에서는 이 법이 통과된 것이다.

최근 2017년, 새로운 노동당 출신 제신다 아던(Jecinda Ardern)이 총리가 되었을 때는 전 세계의 신문 기사에 날 만큼 놀라움을 선사했다. 그녀는 이제 만으로 38세이고, 결혼을 하지 않았다. 그리고 2018년, 현대 정치에서 최초로 총리직으로 있으면서 임신을 한 총리로서 또 한번 놀라움을 선사했다. 제신다에게는 클라크 게이포드(Clarke Gayford)라는 남성 파트너가 있는데, 이 둘은 결혼을 하지 않은 디 펙토(De facto), 즉 사실혼을 유지하고 있는 커플이다. 제신다가 출산을 하게 되면 6주의 출산 휴가를 가진 후 직장으로 복귀, 총리직을 계속 이어갈 것이고 그녀의 파트너인 클라크는 자연스럽게 전업으로 아기를 돌보는 아빠가 될 것이다. 클라크는 낚시 채널의 MC를 맡고 있는 방송인이다. 하지만 번듯한 직장이 있음에도 불구하고, 커리어를 당분간은 접고 육아에만 전념할 계획이라고 밝혔다. 한국이었다면 이 상황이 가능했을까? 나는 막연하게 생각해보았다. 그녀의 젊은 나이, 동거, 그리고 혼외 자식이라는 이름표가 붙어 일찌감치 낙인찍혔을지 모르는 일이다.

한국의 포털 웹사이트나 여러 웹사이트를 찾다보면 새로운 단어들을 접하게 된다. 된장녀, 김치녀 정도에서 더 발전하여 페미, 메갈, 한남, ~충 등 상대 성을 비하하는 단어가 아무렇지 않게 사용되고 있다. 그리고 뉴질랜드는 마치 남성의 인권이 사라진, 여성만을 위한 나라로 상징하고 왜곡되어 비춰져 남성들이 기피해야 할 나라처럼 그려진다. 나는 한국 사람들이 뉴질랜드라는 나라를 떠올릴 때 이런 왜곡된 이미지만으로 뉴질랜드를 다 파악한 것처럼 정의를 내리는 것에 섭섭한 마음이 든다. 왜냐하면 뉴질랜드는 단 하나의 이미지로 그릴 수 있는 나라가 아니기 때문이다.

루머 중 하나를 예로 들어보자. 뉴질랜드 젊은 층 남자들이 여자들 때문에 해외로 많이 빠져나가서 젊은 남자가 없다라는 이야기가 떠돈다. 남자들이 해외로 나가는 것은 어떻게 보면 맞는 말이지만, 이유는 그렇지 않다. 뉴질랜드 시민권을 가진 사람은 호주에서도 비자 없이 자유롭게 살 수 있는데, (반대로 호주도 뉴질랜드에서 비자 없이 살 수 있다.) 뉴질랜드 달러보다 호주 달러 환율이 훨씬 세기 때문에 같은 일, 같은 경력으로 일을 한다고 해도 호주에서 돈을 훨씬 많이 받을 수 있다. 그래서 뉴질랜드에서 신입으로 몇 년 일하고 경력을 쌓은 후, 호주로 취직을 구하러 가는 사람들이 꽤 많다. 게다가 뉴질랜드는 시장의 규모가 작아 양농업과 관광업 외에 다양한 직종 및 더 전문적인 기술을 배우기가 어렵다는 점도 한몫한다. 게다가 영국이나 아일랜드 쪽에서 온 이민자들이 많았기 때문에, 그들의 조부모 및 부모가 이민자 출신이라면 부모의 국적을 따라 해당 나라의 비자를 받을 수 있어서, 젊은 키위들이 소도시 뉴질랜드를 떠나 영국으로 향하는 경우도 있다. 즉, 뉴질랜드 여성 때문에 다른 해외로 도망친다는 것이 주된 이유가 아니라고 생각한다.

이혼하게 된다면 양육권은 엄마에게 가며 양육비를 80%나 지원해야 한다는 또 다른 루머도 있는데, 이도 사실이 아니다. 모든 엄마와 대부분의 아빠[6]는 아이가 태어날 때 자동적으로 생물학적 자신이 아이의 후견인이 된다. 커플이 헤어지기로 결심하면, 대화를 통해 누가 아이를 돌볼 것인지를 상의하고 만약 부모 중 한 명이 아이를 계속적으로 돌보게 되면 그 사람이 법적 후견인이 된다. 법적 후견인은 정신적으로도, 감정적, 신체적으로도 아이가 건강하고 안전하게 자랄 수 있도록 할 수 있는 사람이어야 한다. 그리고 아이를 돌보지 않는 다른 한쪽의 부모가 아이를 키우기 위해 필요한 양육비를 제공하는데, 양육에 대한 금액과 계획은 Inland Revenue라는 공공 서비스 정부

---

6) 대부분의 아빠로 칭한 이유: https://www.justice.govt.nz/family/care-of-children/guardians-and-guardianship/who-can-be/
아이를 낳은 여성과 결혼 또는 Civil Union 관계, 생물학적으로 자신의 아이인 경우여야 하며, 2005년 7월 1일 이전에는 아이의 엄마와 같이 살고 있어야 하는 de facto 관계이어야 한다. 2005년 이후, 아이의 엄마와 아이를 임신하고 낳는 기간에 같이 산 적이 있거나 또는 2005년 7월 1일 이후 아빠의 이름이 출생신고서에 있는 경우여야 한다. 2005년 7월 1일 이후 법은 아이 출생 신고서 작성 시 양쪽 부모의 서명이 있어야 하므로 모든 아빠들에게 후견인의 자격이 있다.

기관에서 책정된다.[7]

다시 키위 여성에 대해 돌아가보겠다. 뉴질랜드 여성들은 독립적이고, 다른 나라의 여성들과 비교했을 때 투박한 면이 많다. 특히 뉴질랜드 마오리 출신은 원래 태평양 섬나라에서 건너와서 뉴질랜드에 정착했기 때문에, 신체적으로 풍채가 좋은 체격의 여성이 많다. 그뿐만이 아니다. 키위 여성들은 터프한 일들을 도맡아 하는 경우가 많다. 자신의 집 마당의 잔디를 깎거나, 페인팅을 하는 등 자신이 할 수 있을 만한 것들은 되도록 알아서 한다.

마찬가지로 남성들도 자신이 할 수 있는 일을 한다. 어린이집에 아이를 맡기고 또는 데리고 오는 일, 아이와 장을 같이 보는 일, 요리를 하는 일 등 말이다. 뉴질랜드에 온 지 1년이 채 지나지 않았을 적, 한 키위 남성이 나를 위해 요리하는 모습을 보고 적지 않은 감동을 한 적이 있다. 요리는 여자가 대부분 하는 것이라고 스스로 고정관념을 가지고 있었고, 실제로 남성에게 요리를 대접받은 적이 거의 없었기 때문이다. 그 친구는 오히려 자신의 아버지가 집에서는 항상 요리를 도맡아서 했기 때문에 자신이 요리하는 것에 전혀 이상할 것이 없다고 했다.

---

7) Inland Revenue의 양육금액 및 계획 책정: https://www.justice.govt.nz/family/care-of-children/child-support

뉴질랜드에서 여성으로 첫 국회의원이 된 것은 1933년, 여성 투표권의 법이 실행된 1893년 이후 40년이 지난 한참 뒤의 일이다. 그럼 여성의 투표권은 그 당시에 누가 제정했을까? 1894년도 당시 국회의원들이 전부 남성으로 이루어져 있었음에도 불구하고, 이들은 주도적으로 여성을 위해 투표권을 통과되도록 했다. 투표권을 얻기 위한 여성의 노력과 함께 남성들만 가지고 있는 권리를 모두의 권리로 만든 진취적인 키위 남성들의 노력도 포함된 것이라 본다. 키위 여성의 파워, 즉 힘이 강한 것이 꼭 여성들의 성격이나 특징에서 온 것이 아니라고 본다.

한국에 살았을 때는 의식하지 못했던 단어 및 표현들이 해외 생활을 하면서 의식하게 된 것들이 있다. 예를 들어, 결혼할 때 남성이 집을 해가야 한다, 곰 같은 여자보다 여우 같은 여자, 남자가 험한 일을 하고 여자는 하지 말아야 한다, 여자 손에 물 묻히는 일 없게 하겠다, 남자는 돈을 벌어 오니 여자가 집안일을 해야 한다, 여자가 남자보다 돈을 더 많이 벌면 안 된다, 임신하면 일을 관둬야 한다, 여성이 경제권을 무조건 가져야 한다던가, 남성에게 결혼에 필요한 혼수 및 집을 불평등하게 준비하게 하는 것 등 어릴 때부터 들어왔던, 그리고 현재까지도 흔히 쓰이는 표현들이 아직까지 쓰이고 있는 것들이 있다. 남성들도, 여성들도 저마다 힘든 부분이 있다. 나는 나쁜 관습으로 인해 사회, 가정 생활을 힘들게 하는 것이 안타깝다. 안 그래도 힘든 사회인데, 단지 한국에 있다는 것만으로 받아야 할 성차별과 불평등은 가끔 억울하기도 하다. 교육으로도 고쳐져야 하지만, 전체 사회에 퍼져 있는 문화가 서서히 바뀌어가야 하는 것도 마찬가지로 중요하다고 본다. 안타깝게도 이미 기성세대들이 가지고 있는 생각과 편견을 바꾸기에는 매우 어렵고, 너무 많은 시간이 걸린다. 하지만 젊은 세대들까지 부모 세대들로부터 받았던 교육을 그대로 받아들이고 바꾸지 않는다면 그것에 대해서는 우리도 책임이 있다고 본다.

제신다 아던 총리의 행보는 현재 진행 중이다. UN 총회에서 모유를 먹이기 위해 갓난아이를 데리고 온 것부터 다른 해외 매체로부터 받는 무례한 질문까지 그녀는 웃으면서 능숙하게 받아들인다. 그녀도 자신의 케이스가 일반적이지 않다는 것을 자각하고 있다. 엄마로서, 그리고 총리로서 두 가지 일이 가능한가라는 질문에 그녀는 답한다.

"엄마들은 이미 하루하루 멀티 태스킹을 하고 있어요. 제가 총리이면서 엄마도 될 수 있냐구요? 물론이죠. 당연하죠."

그녀가 가진 당당한 자신감이 멋져 보인다.

질문을 한번 다르게 만들어보고 싶다. "뉴질랜드는 남자들이 살기 좋은 곳인가요?"

나는 그렇다고 생각한다. 삶에 가까이 있는 아름다운 자연, 한가한 일상들, 스트레스가 많이 없는 회사 문화, 무료 의료 보험 시설, 이자 없는 교육비 지원, 돈을 많이 버는 사람들에게 세금을 부과하고 사회적 약자에게 혜택을 더 주는 나라. 나는 분명히 뉴질랜드가 남자들도 살기 좋은 곳이라 생각한다. 아차! 단 한 가지, 당신이 밤 문화를 사랑한다면 뉴질랜드는 살기 별로다. 정말 별로다.

06
숲속을 걸읍시다,
힐링을 위한 트램핑

○ ○ ○

'나는 등산이 싫어.'

지하철을 타고 가다 형형색색의 등산복을 입은 중장년층 분들이 도봉산역과 수락산역에 우르르 내리고 다시 우르르 탑승하는 풍경을 보며 생각했다. 그중엔 우리 엄마도 포함되어 있었다.

어차피 내려올 걸 왜 굳이 고생해서 산에 올라가는 걸까? 바깥은 아직도 어둑어둑한데 등산 가방을 메고 새벽부터 일찍 집을 나서는 엄마의 뒷모습을 보면서 나는 이불 속에서 뒤척였다. 잠 보충할 시간도 없는데 주말마다 설악산, 지리산을 가기 위해 차를 타고 4시간 이상 이동하는 것은 당시 20대였던 나에게 이해할 수 없는 취미였다. 하지만 딸은 엄마를 닮는다고 누가 그러던가? 나는 한 번의 강산이 변하기도 전에 트램핑(Tramping), 등산을 즐기게 된 나의 모습을 발견하게 되었다.

뉴질랜드는 하이킹(Hiking)이나 트래킹(Trekking)이라는 단어 대신 트램핑(Tramping)이라는 독특한 단어를 쓴다. 트램핑의 정확한 정의는 침낭과 요리 도구, 비에 대비하기 위한 모든 장비들을 배낭에 넣고 짊어지며 깊은 산속을 걷는, 하루 이상 소요되는 활동이다. 하지만 키위들은 하루 종일 등산하는 것도 트램핑이라 부르기도 한다. 어쨌거나, 뉴질랜드에는 트램핑에 최적의 나라가 또 있을까 싶을 만큼 자연 그대로의 트랙들이 많다. 산을 좀 좋아한다 싶은 분들이라면 한 번쯤은 들어본, 세계에서 아름다운 트랙 중 하나인 밀포드 트랙(Milford Track)이 뉴질랜드 남섬에 위치해 있다. 그 이외에, 뉴질랜드 산림청에서 지정한 뉴질랜드 그레잇 트랙(New Zealand Great Tracks)은 밀포드 트랙만큼이나 아름답지만 덜 알려진 나머지 여덟 개의 트랙이 뉴질랜드 전역에 있다.[8]

솔직히 처음에 트램핑을 시작하게 된 계기는 주말에 할 것이 없었기 때문이다. 늦게까지 할 것 많은 한국 밤 문화에 익숙해져 있다가 뉴질랜드에 오면 밤에 할 것도 없고 재미도 없다고 하는 사람들의 말이 백 번 맞았다. TV

---

8) 2019년의 하나의 트랙이 더 추가되어 총 10곳이 될 예정이다. https://www.doc.govt.nz/parks-and-recreation/things-to-do/walking-and-tramping/great-walks/

를 돌려봐도 채널은 몇 개 없고 (재미도 없다) 어학원에서 사귄 친구도 일찌 감치 자기 나라로 돌아간 지 오래, 쇼핑하는 것도 하루이틀이었다. 무엇을 할까? 오클랜드를 돌아다니며 구경할 수 있는 동호회가 없을까 하고 찾다 눈에 띈 것은 바로 트램핑 동호회였다. 비싼 장비 필요 없이 튼튼한 신발과 자기가 먹을 간식만 싸가면 되는, 돈이 들지 않는 취미였기에 주저 없이 가입했다.

하루에 4시간 이상 걷는 트램핑이 처음에는 길고 지루할 줄 알았다. 하지만 이게 웬일, 나처럼 트램핑을 처음 하는 사람들, 뉴질랜드로 이민 온 나와 비슷한 처지의 사람들과 걸으며 대화하다 보니 2시간은 금방 지나가고 어느새 자연 한가운데에 서 있었다. 잠시 앉아서 쉬는 시간, 간단한 샌드위치를 먹으며 오클랜드 시내에서는 볼 수 없었던 울창한 숲속을 감상했다. 머리가 맑아지고 기분이 좋아졌다. 트램핑의 맛을 알게 된 순간이었다.

트램핑은 뉴질랜드의 자연을 깊숙이 볼 수 있도록 하는 좋은 수단이기도 하면서 스스로 취미를 만들게 된 기회가 되었다. 내가 한국에서 취미가 있었던가? 대학입시가 끝난 후, 스스로 만들었던 취미는 똑딱이 카메라를 들고 다니며 대학교 오빠, 언니들을 따라다니며 출사를 다닌 것이었다. 하지만 그것도 잠시, 대학교 3학년부터 학점관리에 들어가고 졸업 준비와 동시에 취업 전선에 뛰어들면서 카메라는 집 한쪽에 모셔놓고 잊어버린 지 오래였다. 대신 핸드폰 카메라가 그 자리를 메꾸었다.

회사를 다니면서 여가 시간에 할 수 있는 취미는 매우 한정적이었다. 프리랜서가 아닌 이상, 월급을 받고 일하는 직장인에게 주중은 일찍 도착하면 밤 8시, 보통 10시에 집에 들어오는 것은 흔한 일, 주말은 주중에 모자란 잠을 보충해주는 기간에 불과했다. 항상 토요일 점심까지 늦잠을 자고, 일어나서 아침 겸 늦은 점심을 먹고 밀린 TV 예능과 영화를 보며 집에서 쉬면 토요일은 금방 지나갔다. 일요일에 좀 더 부지런을 떨면 대학로나 홍대에 가서 데이트를 할 수 있었는데, 영화를 보거나 맛집에서 맛있는 것을 먹고, 커피를 마시고 아이쇼핑을 하는 것이 여가의 전부였다. 연애를 할 때도, 서로가 해야 할 일이 있지만 얼굴이라도 보고 싶을 경우엔 각자 노트북을 들고 나와 카페에서 만나 일을 하곤 했다. 서로 마주보고 앉아 각자 일을 하다가 가끔씩 고개를 들어 서로를 바라보던, 뒤돌아보니 안타까웠던 우리의 데이트. 한국이라는 경쟁이 치열한 나라에서 따로 자기 개발을 하지 않으면 남들보다 뒤처질 것만 같은 조급함에 데이트할 때도 각자 자기 개발을 할 수밖에 없었던 그런 주말을 보내곤 했다.

취미에 대해 생각하다 보니 왜 그렇게 영화 산업이 폭발적으로 발전했는지 어느 정도 이해가 갔다. 바쁜 직장인들이기에 얼마 되지 않는 여가 시간에 돈을 들여 멀리 나갈 수는 없고, 짧게라도 즐길 수 있는 가장 쉬운 것이 영화 감상이 아니었나 싶다는 생각이 들었다. 큰 공간, 많은 장비가 필요하지 않은 취미로 영화만큼 적합한 것이 없다. 이런 조그만 나라가 다른 나라 대비 적은 인구수임에도 관객수가 많아 미국 할리우드 영화는 개봉할 때 한국을 일본보다 더 우선 순위로 개봉을 고려하고, 더 많은 관객을 유치하기 위해 할리우드 배우들이 예전보다 훨씬 많이 한국을 찾기 시작하니 말이다.

바쁜 일상에서 할 수 없는 것들을 영화나 TV, 먹방을 보면서 대리 만족을 즐기는 것을 느끼는 사람들. 그렇게 취미라는 것을 만들지도, 즐기지 못하고 살기 바빠 일에만 집중하고 TV 시청만 하며 시간을 보내다 뉴질랜드로 오는 한국 사람들을 생각해본다. 갑자기 생겨버린 너무 많은 시간에 무엇을 할지 몰라 헤매는 사람을 보면 왠지 모르게 마음이 짠해진다. 마치 여유를 모르고 바쁘게 산 흔적이 몸에 배어 있는 것 같아서 말이다.

트램핑을 걷다 보면 마음이 정화된다. 걷기 시작한 지 세네 시간은 빼고 말이다. 3박 4일 되는 트램핑 일정에 10키로가 넘는 가방을 들고 걷다 보면 처음 세네 시간은 항상 '내가 왜 이 고생을 사서 하지?' 매번 갈 때마다 속으로 불평한다. 나는 이 시간을 '사회에 찌든 독소가 빠지는 시간'이라 스스로 명명하는데, 달리기할 때 세컨드 윈드(Second Wind)가 오기 전의 과정과 비슷하다고 생각하면 되겠다. 처음 4km를 뛸 때는 숨도 차고 몸도 덜 풀려서 달리기를 포기하고 싶지만, 세컨드 윈드가 오면 몸이 적응되어 편해지는 것과 마찬가지로, 트램핑도 시간이 좀 더 걸린다 뿐이지, 그 시간이 지나면 몸이 적응한다. 그 후에는 짜증과 후회가 줄어들면서 사색에 잠기고, 자연을 관찰하고 발견하는 눈이 생긴다. 이때부터가 바로 트램핑을 즐기는 순간이다. 뉴질랜드 몇몇 국립공원은 핸드폰이 안 터지는 장소가 제법 많아 외부로부터 단절된 시간을 반강제적으로 가질 수 있는데, 알게 모르게 핸드폰에 중독

된 나 자신을 강제적으로 격리시켜 준다.

트램핑은 나에게 사소한 것을 통해 삶의 교훈을 주기도 한다. 뉴질랜드 트램핑은 네팔처럼 포터(Porter: 짐을 대신 날라다 주는 짐꾼)가 없기 때문에 모든 짐은 자신이 들고 걸어야 한다. 몇 박 며칠 필요한 짐, 침낭, 코펠, 음식, 여벌의 옷, 필요한 것 외에 부수적인 것도 함께 싸서 들고 걷는데, 짐이 많으면 많을수록 등에 이고 갈 무게를 모두 감당해야 한다. 삶에 있어서도 욕심내어 많은 것들을 안고 가면 그 무게도 크다는 것을 매번 트램핑할 때마다 느끼곤 한다. 탄산음료를 들고 가면 마실 땐 기분이 좋지만 그 즐거움을 위해 500그램의 무게를 감당해야 하고, 방수 옷과 방수 가방 커버를 가져가지 않아서 비에 홀딱 젖게 되면 '다음 번에는 꼭 가져와야지' 하며 왜 우리가 살면서 보험이 필요한지 간접적으로 체험하곤 한다.

트램핑을 하다 보면 가끔씩 부모와 함께 동행하는 어린아이들도 보게 되는데, 아이의 짐은 부모님이 들지 않고 아이의 가방이 따로 있어 혼자서 짊어지고 걷는 것을 볼 수 있다. 이처럼 어릴 때부터 독립적으로 키우는 것을 보면 키위들의 라이프 스타일을 엿볼 수 있다. 또, 키위들은 반대편에 오는 일행이 있으면 꼭 웃는 얼굴로 "하이" 하며 상냥하게 인사하는 것도 잊지 않는다.

트램핑을 하면서 제일 좋아하는 순간은 해가 저물고 달이 차오르기 전의 어두운 밤하늘을 감상할 때다. 공해나 먼지 없는 뉴질랜드의 밤하늘은 마치 우주가 나에게 주는 선물과 같다. 어둠에 눈이 익숙해지면, 하늘을 뒤덮은 수 많은 별들을 눈으로 감상할 수 있다. 천천히 회전하는 은하수를 바라보며 가끔은 이런 장관을 볼 수 있다는 것에 감사해 마음이 벅차기도 한다. 엄마가 등산을 시작한 때를 떠올려본다. 이제 와 생각해보면, 자신의 삶이 너무 힘들어 마음을 치유하러 본능에 의해 자연을 찾기 시작한 것이 등산을 하게 된 계기는 아니었을까 하고 지레 짐작해본다. 내가 성인이 되고, 엄마가 등산을 다니기 시작한 비슷한 나이가 되고 나서야 알게 되었다. 우리는 자연에서 치유되어야 하는 존재구나 하는 것을 말이다.

혹시나 이 책을 읽는 사람들 중에 뉴질랜드에 놀러 갈 계획이 있다면 트램핑을 경험하라고 추천하고 싶다. 몇 박 며칠이 아니어도 된다. 짧은 트랙이라도 한 번 걸어보는 것을, 그리고 되도록이면 하루 이상의 트램핑을 경험해서 밤하늘을 보는 것을 추천한다. 뉴질랜드의 묘미는 바로 트램핑, 숲속을 걸으며 힐링하는 그 시간 속에 있다.

07
서로 다른 자연 보호,
자연을 생각하는 키위

○ ○ ○

출근 후 한 잔, 점심 식사 후 입가심으로 한 잔, 그리고 야근할 때 한 잔! 직장인들에게 꼭 필요한 음료이면서도 신경 안정제 같은 역할을 하는 것이 바로 커피가 아닐까 싶다. 그 증거로 전 세계 도시 중, 서울이 스타벅스 체인점을 제일 많이 소유하는 도시로 그 명예를 가져갔다. 한국의 큰 기업들도 커피 산업에 뛰어들어 커피 브랜드를 만든 결과, 동네마다 카페가 우후죽순 생겨났고, 카페 옆에 또 다른 브랜드의 카페가 영업할 정도로 한국은 '카페 천국'이 되었다.

뉴질랜드의 수도인 웰링턴(Wellington)은 세차게 부는 바람으로도 유명하지만, 커피로도 유명한 도시다. 1950년대 유러피안 이민자에 의해 소개된 커피 문화는 1980년대부터 남성 손님이 주를 이루는 펍에 가기 힘든 여성들이 손님으로서 편히 갈 수 있는 장소로 사용되며 대중적으로 널리 자리 잡게 되었다. 이렇게 자리 잡은 카페 문화 덕분에, 스타벅스 같은 커피 체인점보다 개인이 운영하는 이색적이고 각자의 특성이 있는 카페들을 웰링턴 시내에서 볼 수 있게 되었다.

플랫 화이트(Flat white)라는 커피 메뉴가 만들어진 곳도 웰링턴이라는 설이 강력하다. 플랫 화이트는 라떼와 매우 비슷하지만 우유가 덜 들어가서 좀 더 강하고 쌉싸름한 맛을 느낄 수 있는 커피다. 한국에서도 커피 두 잔은 기본으로 마시는 나, 웰링턴에서도 커피를 자주 마시다 보니 일회용 컵을 너무 많이 사용하는 것 같아 좀 덜 사용하고자 자연스럽게 텀블러를 사용하게 되었는데, 한국에서도 때마침 2018년 8월부터 일회용 컵 사용을 규제하는 뉴스가 들리기 시작했다.

뉴질랜드의 삶에 자연을 빼고 이야기하기 힘들다. 그만큼 자연이 일상생활에 가깝게 자리잡고 있기 때문이다. 그래서, 키위들은 따로 자연 보호에 대한 강조를 하지 않아도 아주 자연스럽게 환경에 대한 생각과 감사함을 어릴 때부터 몸에 익히는 듯한 모습이다. 한번은 키위 친구와 섬에 놀러 갔었는데 길바닥에 자기 쓰레기가 아님에도 불구하고 떨어진 쓰레기를 주워서 자기 가방에 넣어 가져가는 매너를 보여주었다. 자연에 최대한 피해를 안 끼치려고 해서 팻말까지도 되도록이면 세우지 않고 방향만 알려주는 표지만 나무

에 박아 길을 알려주기만 할 뿐, 길에 인위적인 것을 하지 않고 있는 그대로
를 추구하는 모습이다.

뉴질랜드의 크고 작은 규모 상관없이 마을마다 상점이 모인 곳에는 꼭 세
컨 핸드숍(Second hand shop) 또는 옵 숍(Op shop)을 볼 수 있다. 필요하지
않은 물건과 옷을 기부하거나 저렴한 가격으로 내놓은 것을 다시 되파는 식
으로 운영하는 가게인데, 한국으로 치자면 '아름다운 가게'라고 생각하면 되
겠다. 맨 처음 세컨 핸드숍을 접하게 된 계기는 키위 친구가 셔츠를 사러 쇼
핑 가겠다고 해서 따라 갔을 때다. 어디 허름한 창고 같은 데를 향하더니 도
착한 곳은 일반 매장이 아닌 세컨 핸드숍이었다.
'남들이 입던 옷을 어떻게 입어, 돈이 그렇게 없어? 남의 옷을 입게?'
어릴 적 가족이나 친척이 입던 옷을 받아서 물려 입거나 '빈티지'라는 명
목 아래, 일반 청바지보다 비싸게 파는 것 외에는 남이 기부한 옷을 돈 주고
사서 입는 일은 생각한 적은 거의 없었다. 어릴 적 '아나바다 – 아껴 쓰고 나
눠 쓰고 바꿔 쓰고 다시 쓰자'라고 하여 예전엔 남의 옷을 공짜로 받아 입고,
가끔씩 친구를 통해 멀쩡한 옷을 받은 경우가 있었다. 하지만 이제는 돈도
풍족한 시대에 남이 입던 옷을, 심지어 제 돈 주고 사서 입는다는 것이 이해
가 되지 않았다. 그 친구는 새로운 매장에 가기 전, 항상 세컨 핸드에 들린다
고 했다. 같은 제품이나 질 좋은 옷을 잘만 찾으면 아주 싼 가격에 나온다고
귀띔해줬다.

'뭐 괜찮은 게 있기나 하겠어?' 의심하며 시작한 세컨 핸드숍 탐방은 시간이 점점 지나면서 오래된 것들 사이에서 좋은 보물을 발견할 수 있을지도 모른다는 기대감을 주었다. 특히, 키위들에게는 그저 흔한 컵이지만 한국에서는 구하기 힘든 뉴질랜드산 빈티지 컵과 컵 받침, 한국에서 샀더라면 10만 원은 줬을 법한 레트로 느낌의 램프, 데코레이션으로도 손색없는 필름 카메라, 외국 영화에서나 볼 법한 장식품들이 구석구석 조용히 잠들어 있었다. 그리고 한번은,

"앗싸! 제이미 올리버(영국의 유명한 셰프 이름) 브랜드 식기를 구했어!"

국 그릇으로 쓰기 딱 좋은 브랜드 그릇을 하나당 1.5불, 거의 5천 원도 안 되는 가격으로 4세트를 구하기도 했다. 새것을 샀더라면 최소 4만 원은 주고 샀어야 하는 제품을 세컨 핸드숍에서 구한 기분은 마치 보물찾기에서 승리한 기분이었다. 그릇은 새것처럼 깨끗했다. 돈도 아끼고, 내가 아니었더라면 멀쩡한 물건이 쓰이지 않고 땅에 묻혀 낭비되었을지도 모를 그릇을 구한 것 같아 일석삼조로 마음이 뿌듯했다. 그리고 세컨 핸드숍에서 구한 메이드 인 뉴질랜드(Made in New Zealand)가 적힌 흔히 볼 수 없는 색의 컵과 컵받침은 한국에 사는 친구에게 좋은 뉴질랜드 선물이 되었다. 한번 세컨 핸드숍에 맛을 들이다 보니 어느샌가 나도 모르게 좋은 물건이 없는지 둘러보는 사람들 중 한 명이 되었다. 이처럼 뉴질랜드에서는 세컨 핸드 숍을 찾는 모습은 남녀노소 가리지 않고 너무나 자연스러운 광경이다.

뉴질랜드 스타트업(Startup) 회사 중 눈에 띄는 몇몇은 이런 자연환경을 보호하려는 목적 아래 아이디어가 만들어져 창업까지 하게 된 경우가 있다. '에티크'(https://ethiquebeauty.com/)는 뉴질랜드 남섬 크라이스트 처치에서 시작한 가족 기업이다. 이 기업은 연간 8백억이나 소비되는 샴푸와 린스 플라스틱 통을 줄이기 위해 액체형인 샴푸와 린스를 비누처럼 고체로 만들고, 거기에 화학제품이 들어가지 않는 오가닉 비누를 만들었다. 비누를 담는 곽도 재활용이 가능하도록 대나무 소재로 만들어, 모든 제품이 자연적으로 소각되도록 만들었다.

2013년에 창업한 '허니랩'(https://www.honeywrap.co.nz/)이라는 회사는 일회용 비닐랩 사용을 대체하는 제품을 만들었다. 벌집에서 추출하는 밀랍 및 나무 송진 등을 천에 왁싱하여, 비닐랩 대신 최장 1년까지 쓸 수 있도록 하는 친환경적인 제품 등을 뉴질랜드 내에서 선보였다. 가격이 조금 나가기는 하지만, 환경을 생각하는 키위들은 주저하지 않고 이런 회사가 계속해서 성장할 수 있도록 구매한다.

2000년대부터 속속 언급되기 시작한 지구 온난화는 이제 전 세계가 해결해야 할 과제가 되었다. 수온차, 평균 기온이 높아지는 와중에 제주도에서나 기를 수 있었던 열대 과일을 이제 한국 전역에서도 기를 수 있게 되었다. 올해 2018년 여름은 에어컨 없이는 견디지 못하는 40도가 웃도는 미친 날씨가 강타했다. 말로는 알고 있었지만, 실제로 체감을 하니 사람들도 점차 환경에 대해 신경을 써야 한다는 목소리가 곳곳에서 나오고 있는 추세다. 그래서 커피를 많이 마시는 만큼 사용하게 되는 일회용 컵 사용 금지는 이런 온난화에 대처하기 위한 법안이라고 본다.

하지만 온난화는 아무리 일회용을 안 쓴다고 하더라도 개인이 대처할 수 있는 것에는 한계가 있다. 한국에 휴가차 들리면 외국인 직원들에게 줄 한국식 과자를 면세점에서 구매하는 경우가 있다. 그때 나오는 과자 포장과 플라스틱은 실제 들어가 있는 내용물보다 훨씬 클 때가 많다. 크게 겉에 포장한 것도 모자라 과자 하나마다 또 비닐로 싸서 포장하는 포장지가 있고, 그 과자가 부서지지 말라고 플라스틱 모형이 들어 있었다. 과자 12개를 먹기 위해 들어간 포장이 너무 과하다는 생각은 나만의 생각은 아니었다. 이런 것들은 대체 어떻게 해야 할까? 기업이 개선할 수 있도록 포장 규제를 강화해야 하기 위해 지역 국회의원에게 편지라도 써야 할까?

자연 환경을 생각하는 사람들이 모여 만들어낸 녹색당(Green Party)은 이런 친환경적인 목소리를 대변하는 뉴질랜드 정당이다. 이 정당이 내놓은 법안 중 하나인 비닐봉지 사용 금지는 2018년 8월 10일 뉴질랜드 내 국회에서 법안이 통과되었다.[9] 슈퍼마켓에서 물건을 구매하면 담아주는 모든 비닐봉지를 없애겠다는 취지와 함께 비닐봉지 투기로 인해 생기는 환경 파괴 및 동물 피해를 줄이겠다는 뜻이다.

---

9) 법안 내용 참고 사이트: https://www.stuff.co.nz/environment/106160806/new-zealand-to-ban-singleuse-plastic-bags

6개월간의 연습을 통해, 비닐봉지를 대체할 대체품, 어떤 비닐봉지는 사용 가능하고 어떤 것은 사용 불가능 한지 등의 의견 수렴을 할 예정이라고 한다.

물론 그것에 대한 불만이 많은 사람들도 있다. 개 산책시킬 때 개똥은 어떻게 처리할 것이냐 등이 그것이다. 아쉽게도 자연을 아끼는 키위들이라도 이들의 분리수거 처리는 그다지 높은 수준이 아니다. 매립지가 많아서 혹은 정부가 제대로 조치를 안 해서 그런지, 이들의 분리수거 처리는 한국을 본받아야 하는 수준이다. 한국의 분리수거는 종이, 플라스틱, 캔 및 음식찌꺼기까지 아파트에서 관리되는 것을 통해 흔히 볼 수 있지만, 이들은 종이와 플라스틱 캔을 그냥 다 하나로 처리해버린다. 자연을 생각하는 키위라고 적기는 했지만, 이들도 한국의 분리수거는 배워야 한다고 생각한다.

별 다른 일 없는 어느 오후, 갑자기 사람들이 창가로 모여 들었다.

"뭐야, 무슨 일이 일어나고 있는 건데?"

저 멀리 보이는 창가에 까만 그림자가 해수면 근처에 떠 있었다.

"저기 봐 봐, 고래가 보여?"

웰링턴 시내 바다에 고래가 나타났다는 소식에 사람들은 흥분을 감추지 못했다. 일은 잠시 놔두고 핸드폰으로 동영상을 찍는 사람이 있는가 하면, 심지어 근무지를 이탈하는 사람들이 있다는 소식이 소셜미디어를 통해 전달되었다. 배가 있으면 배를 타고, 집에 카약이 있으면 저어서 근처에 가 고래를 보려고 난리 법석이 났다. 이는 남방 고래(Southern Whale)라고 하여 덩치가 제법 크고 보기 힘든 고래였는데, 그 고래는 웰링턴에 며칠 동안 머물며 우리에게 즐거운 이벤트를 선사해주었다. 주말에는 주(state) 차원에서 열리는 불꽃놀이가 예정 되어 있었는데 고래가 놀랄까봐 불꽃놀이를 연기했고, 그 모습에 사람들은 실망하지 않고 좋은 생각이라며 주를 응원해 주었다. 그 고래가 더 자주 나타나길 바라며, 뉴질랜드 자연에 감사한 마음이 들었다. 하지만 한편으로는 이렇게 마음껏 누리는 자연을 언제까지 더 누릴 수 있을지 걱정이 되기도 한다.

08
럭비에 미친 키위들,
국가 스포츠 럭비와 올 블랙스(All Blacks)

○ ○ ○

    거리에 검은 옷을 입고 돌아다니는 사람들! 경기 시작 한참 전부터 키위들은 삼삼오오 옷을 맞춰 입고 경기장으로, 펍으로 향한다. 좌석은 언제나 만석, 한적하던 시내는 뉴질랜드에 사는 모든 사람이 모인 것마냥 많은 사람들로 북적거린다. 대체 무슨 경기가 열리는 것일까?

    신사의 나라라 불리는 영국 국민들이 프리미어 축구 리그에 미친 듯이 열광한다면, 놀며 쉬며, 여유로운 키위들이 미치는 것은 단 하나, 바로 럭비(Rugby)다. 럭비? 과도한 뽕 브라같이 생긴 보호 장비를 어깨에 장착하고 공을 받자마자 무작정 앞으로 달리는 영화 〈포레스트 검프〉에 나오는 그 럭비? 오해하지 마시라, 그건 아메리칸 럭비, 즉 미식축구로 불린다. 뉴질랜드나 영연방 국가에서 말하는 럭비는 보호 장비 하나 없이 맨 몸으로 싸우는, 아메리칸 럭비와 공만 같은 모양일 뿐, 매우 다른 경기다. 정식명으로는 럭비 유니온(Rugby Union)이라 불리는 스포츠로, 이것이 바로 키위들이 열광하는 스포츠다.

럭비는 뉴질랜드의 '국가 스포츠'다. 한국처럼 축구나 야구를 좋아하는 정도라고 생각하겠지만 이는 큰 착각이다. 키위들에게 럭비는 그냥 스포츠에 지나지 않는다. 키위들의 자존심이자, 찬양하는 종교와 맞먹는다고 할 수 있겠다. (약간의 과장이 있지만 그 비슷한 수준에 가깝다.) 그도 그럴 것이 뉴질랜드 럭비 국가대표팀을 칭하는 올 블랙스(All Blacks)팀은 4년마다 열리는 럭비 월드컵에 세 번이나 이겼고, 모든 풀 매치에 한 번도 진 적이 없는 유일한 팀이다. 그래서 키위들은 올 블랙스 경기를 관람하면서 승패를 점치지 않는다. 다만, 얼마나 큰 차이로 이길 것인가를 점칠 정도로 올 블랙스 경기는 '믿고 보는' 경기다. 특히, 라이벌 격인 호주와 럭비 매치를 하는 날이면 친절하고 여유로운 키위들의 모습은 기대할 수 없다. 한국 축구가 다른 팀에게는 지더라도 일본에게는 절대 질 수 없는 것처럼, 그것과 버금가는 뉴질랜드의 경쟁심을 엿볼 수 있다.

럭비는 한국 사람들에게는 낯선 스포츠다. 그래서 어떻게 경기를 봐야 할지 처음엔 잘 모르겠지만, 의외로 경기 방식은 간단하다. 상대 수비를 뚫고 골 지점까지 공을 들고 가서 골 라인에 공을 터치하는 것이 득점을 내는 방법이며, 득점을 많이 한 팀이 이기는 경기다. 단, 공을 들고 뛰는데 같은 팀에 패스하려고 앞으로 던지면 축구와 같이 오프사이드가 되기 때문에, 무조건 공은 뒤로 패스해야 하는 규칙이 있다. 상대방 팀을 선제로 막아내며 공을 가지고 있는 사람의 길을 터주는 아메리칸 럭비와는 달리, 공을 들고 있는 사람을 향해서만 수비 공격을 하고, 나머지는 자신의 자리에 수비가 필요하지 않는 이상 거리를 유지하며 기다려야 한다.

경기를 처음 보는 사람들은 공을 들고 앞으로 내달리는 것과 동시에, 공을 뺏으려고 몸집이 크고 두꺼운 럭비 선수들이 몸으로 막는 모습을 보면 흡사 '날 것 그대로'의 느낌을 강하게 받는다. 남자들끼리 몸 대 몸으로 막으면서 나는 소리는 TV에도 그대로 전달되는데, 한국에서는 보지 못한 럭비 경기 방식에 처음에는 거부감이 들 정도다. 뭐랄까, 너무 야만적이랄까? 하지만 마치 영화 〈300〉에서 나오는 그리스 정예 군인들처럼, 스파르타식 몸싸움을 보면 볼수록 거친 남성미에 어느샌가 묘하게 빠져드는 선망의 대상이 된다.

올 블랙스가 막강한 팀으로 유명하기도 하지만, 더 유명해진 계기는 하카(Haka) 때문이기도 하다. 이들은 럭비 경기 시작 전 항상 하카(Haka)라는 의식을 치루는데, 뉴질랜드 원주민 마오리족이 전투 전이나 환영식으로 했던 퍼포먼스를 그대로 하는 것이다. 1905년, 오래전 럭비 경기에서 하카를 처음 선보인 것이 올 블랙스의 트레이드 마크가 되었는데, 21세기 문명화된 사회에서 하카 의식을 하는 모습은 다른 나라 사람들에게는 매우 독특한 광경으로 비춰진다. 여러 명의 선수가 스모 선수처럼 다리를 벌리고 허벅지를 손바닥으로 치며 우렁차게 구호를 외치는 하카 퍼포먼스는 상대방 팀을 기선 제압할 정도로 압도적이기까지 하다. 그중 카 마테(Ka mate) 퍼포먼스는 하카 의식 중 제일 빈번히 사용되는 퍼포먼스다.

"Ka mate, ka mate! ka ora! ka ora!

Ka mate! ka mate! ka ora! ka ora!

Tēnei te tangata pūhuruhuru

Nāna nei i tiki mai whakawhiti te rā

Ā, upane! ka upane!

Ā, upane, ka upane, whiti te ra!

카 마테, 카 마테! 카 오라, 카 오라!

(난 죽을, 난 죽을 거야 아니 난 살 것이야!)

카 마테, 카 마테! 카 오라, 카 오라!

(난 죽을, 난 죽을 거야 아니 난 살 것이야!)

테나이 타 탕가타 푸후루후루

(이 다 자란 털 많은 남자가)

나나 네이 이 티키 마이 파카카와히테 라

(해를 가져와서 우리를 다시 비출 거야)

아 우파네 카 우파네

(한 발 앞으로, 한 발 앞으로)

아 우파네 카 우파네 피터 테라!

(한 발 앞으로, 또 다른 해가 비출 거야)"

키위들의 럭비 사랑은 남녀노소를 가리지 않는다. 한국의 초등학교 남자 아이들이 점심 시간에 운동장에 나가 축구를 하는 모습이 자연스럽다면, 뉴질랜드는 주말에 럭비를 하는 아이들의 모습이 자연스럽다. (학교에서 하카 퍼포먼스도 가르친다.) 동네에 하나씩 있는 것은 축구장이 아닌 럭비장이며, 4살의 아주 어린아이부터 럭비를 가르칠 수 있는 주니어 럭비 클럽을 인터넷에 검색만 하면 쉽게 찾을 수 있다. 그렇다고 키위들이 전부 럭비만 하는 것은 아니다. 럭비, 축구, 공원이나 숲속 달리기, 넷볼, 크리켓 등 어릴 때부터 여러 운동을 접한다. 뉴질랜드의 흔하디 흔한 잔디밭이 어린아이들이 뛰어놀 수 있고 운동을 할 수 있도록 최적의 환경을 만들어주는 영향도 한몫 한다.

어릴 때부터 럭비를 접하면서 뛰어노는 것과 동시에 신체를 단련시키는 것이 첫 번째 큰 목적이지만, 또 다른 목적도 있다. 체육 선생님들이 원하는 것은 팀으로 운동을 하면서 배우는 팀워크(Teamwork)다. 체육 시간을 통해 각자의 위치에서 어떤 일을 할 것인가 고민하고, 공을 패스하면서 같은 팀원과 호흡을 맞추고 사회적인 친분관계를 다지는 것이 이루어지기를 바란다. 만 5세부터 시작하는 교육 과정부터 포함되는 신체 단련 및 교육은 자신의 신체를 운동을 통해 즐기는 것부터 시작한다. 그리고 학년이 높아질수록 운동을 통해 감정, 사회, 개인, 신체 등을 스스로 관리할 수 있도록 돕는 것이 키위 체육의 목표다.

"너는 학교에서 어떤 운동을 했어?"

어릴 때 무슨 운동을 하냐는 나의 질문에 키위 친구가 똑같은 질문을 던져왔다. 자신은 여성이었지만 몸집이 다른 여자애들보다 커서 초등학교 때까지 럭비를 했다고 한다. 내가 기억하는 체육 시간은 남들과 줄넘기 대결, 운동회 때 등수를 가리기 위한 100m 달리기와 계주, 김건모의 〈잘못된 만남〉 노래에 맞춰 학년마다 보여줘야 하는 댄스 군무, 그리고 청군, 백군으로 나뉜 박 터트리기가 먼저 떠올랐다. 그나마 흥미를 가지고 제일 많이 했던 건 고무줄 놀이였고, 일반적인 체육 시간에 친구들끼리 팀으로 경험한 유일한 운동은 '피구'였다. 그 외에는 무엇 하나 팀워크를 위해서 했던 종목은 거의 없었고 체육 시간 자체도 초등학교 때까지만 활발히 했던 기억뿐이다.

중, 고등학교 때는 체육에 대한 기억이 거의 없다. 달리기와 체력장만 하고 쉬거나 체육시간이 거의 사라진 대신, CA와 야자 등 다른 것들로 채워졌다. 우리에게는 좋은 대학을 가기 위한 수능 점수가 체육보다 훨씬 중요했다. 갑자기 씁쓸하게 느껴지는 이유가 무엇일까? 청소년의 이기주의가 점점 심화되고 공감 능력이 떨어져 타인의 폭력에도 전혀 죄책감을 느끼지 않는다는 10대들의 폭력에 대한 뉴스를 여러 번 접했다. 이는 우리가 공감을 할 수 있는 환경, 즉 남들과 소통하는 팀워크를 만들지 않은 것 때문은 아닐까? 물론 팀워크 하나만 해결한다고 해서 예민한 10대들의 고민이 해결되는 건 절대 아니지만 말이다.

 뉴질랜드에 와서 현지 키위 사람들과 어울리고 싶은데 어디서 만나야 될지 모른다면, 여기 팁이 하나 있다. 비싼 럭비 티켓 구해서 경기 관람을 하는 것도 색다른 뉴질랜드 체험을 해보는 것도 하나의 방법이지만, 올 블랙 져지를 입고 경기 날 집 근처 펍에 가보는 것을 추천한다. 그리고 맥주를 손에 하나 들고, 까만 유니폼을 입은 혼자 온 듯한 사람 옆에 다가가보자.

 "저 럭비 선수들 중에 오늘은 누굴 눈여겨봐야 하나요?", "왜 저 상황에서 패널티를 받는 거죠?" 하고 질문을 하면, 친절한 키위가 흥분하며 당신에게 럭비에 대한 모든 것을 알려줄지도 모른다. 럭비는 그들에게 있어서 '지루한 천국'의 유일한 재미이자, 자긍심이다.

09
마오리(Maori)족 문화를 통해 배우는
인종 차별을 대하는 방법

○ ○ ○

"키아오라 타토(Kia ora tātou)."

뉴질랜드 TV 뉴스를 처음 접하면 이런 인사 표현을 들을 수 있다. 아오테아로아(Aotearoa), 키아오라(Kia ora), 하에레 마이(Haere mai). 이 표현들은 전부 마오리(Maori)어의 단어다. 아오테아오라는 '뉴질랜드'를, 키아오라는 '안녕하세요', 하에레 마이는 '환영합니다'를 뜻한다.

뉴질랜드에는 공식 언어로 영어와 마오리어(Te Reo) 두 가지가 있다. 하지만 마오리어가 공식 언어라 하더라도 평소에 쓰는 일은 없다. 나는 위의 단어 중에 뉴질랜드를 부르는 명칭, 아오테아로아를 좋아한다. 이는 '길고 흰 구름의 땅'이라는 의미를 가지고 있다. 길고 흰 구름의 땅이라…. 뉴질랜드를 이만 큰 더 아름답게 한 단어로 표현할 수 있을까 싶을 만큼 발음도 아름답다.

마오리(Maori)족은 누구이며, 어디에서 왔을까? 이들은 1600년대 유럽인들이 배를 타고 뉴질랜드 신대륙을 발견하기 이전부터 살고 있었던 토종 원주민 집단이다. 1250년부터 1300년대 사이로 추정되는 시기, 태평양에 있는 섬에 살다가 배를 타고 뉴질랜드에 처음 들어와 정착했다고 한다. 그래서 태평양 폴리네시안 사람들과 비슷한 외모와 문화를 가지고 있다. 유럽인들이 정착하여 살기 시작한 건 1800년대 후반으로, 1세대에 25년이라 치면 이제서야 6세대가 지난, 젊은 이민 국가이다.

지금의 호주나 미국에 도착한 이주민이 행했던 야만적인 원주민 정책과는 대조적으로, 마오리족과 뉴질랜드에 정착한 영국계 이민자들은 이례적으로 평화협정을 맺어 같이 살기로 합의했다. 이것이 1840년 2월 6일, 영국과 와이탕이 조약(Waitangi Treaty)을 맺은 날이다. 이 후, 원주민과 이민자들이 함께 조화롭게 사는 세계에서 거의 유일한 나라가 되었다. 와이탕이 조약을 맺은 매년 2월 6일은 뉴질랜드의 국가 공휴일로 지정되었다. (물론 이 조약에 언어 해석의 차이가 있어 아직까지도 문제되는 점도 있다.)

뉴질랜드에 도착하면 공항에서부터 마오리족의 영향을 받은 인테리어나 장식으로 이국적인 느낌을 물씬 느낄 수 있다. 뉴질랜드에 놀러와서 지인들에게 사다줄 기념품을 찾다보면 나무 장식품, 그린 스톤 목걸이, 마오리 그림

등, 기념품 숍에 마오리 문화가 담긴 제품들을 다양하게 볼 수 있다. 마오리족의 정체성과 문화는 국가의 아이덴티티를 차지하는 가장 큰 요소 중 하나가 되었다. 이렇듯 뉴질랜드의 역사가 마오리족과 유러피안이 모여 평화롭게 합의를 한 기본 토대 때문인지, 뉴질랜드는 다양한 인종에 대해 크게 거부감을 가지지 않는 편이다. 키위들 스스로도 뉴질랜드의 인종 차별은 옆 나라 호주에 비교하면 극히 적은 일이라고 이야기한다. 실제로 에버리진(호주의 원주민)이 어떤 대우를 받고 있는지를 보면 마오리족의 전통을 지키는 모습을 통해 상대적으로 더 다른 인종과 문화를 존중한다는 것을 알 수 있다.

"뉴질랜드는 인종 차별이 심한가요?"

나는 뉴질랜드가 다른 나라와 비교해봤을 때 인종 차별이 심하지 않으며 거의 느끼지 못할 것이라고 이야기를 한다. 혹여 인종 차별적 생각을 하더라도 겉으로 인종 차별을 대놓고 했다간 사람들로부터 비난받을 수 있다는 생각에 조심하는 사람들이 많다.

물론 나도 불쾌한 일을 당한 적이 있었다. 뉴질랜드에 온 지 얼마 되지 않았을 때, 버스 정류장부터 회사까지 걸어가고 있는 도중에 생긴 일이다. 대중교통을 그나마 많이 이용하는 우리나라 사람과 달리, 뉴질랜드의 대중교통은 그다지 발달해 있지 않아 키위들은 어릴 때부터 자차에 익숙한 편이다. 어느날 대낮에 걸어가고 있는데, 어린 10대 후반에서 20대 초반 정도의 남자애들이 차를 운전하면서 지나가는 나에게 고성을 지르며 놀라게 한 적이 일이 있었다. '여기도 말썽 부리는 10대들이 문제구나'라는 생각이 들었다. 짧은 시간에 일어난 일이었지만 아직까지도 기억나는 것을 보면 나도 기분이 꽤 불쾌했었나 보다. 마음 여린 젊은 학생이 당했더라면, 인종 차별로 생각하고 한동안 마음이 우울했을지도 모를 일이다.

뉴질랜드에 인종 차별이 거의 없다고 하더라도 존재하지 않는다는 이야기는 아니다. 뉴질랜드 국가 인권 위원회(Human Rights Commission: HRC)에서 받은 2017년 조사 결과, 지난 10년 동안 총 3,041건의 인종 차별을 겪었다는 불만사항을 접수했다고 밝혔다.[10] 매년 평균 341건 정도의 불만사항이 접수되었다고 하니, 거의 하루에 한 건 꼴로 인종 차별에 대한 접수를 받고 있는 셈이다. HRC는 대표적인 몇 가지 사례를 제시했다.

한 포스터

'당신이 만약 마오리,
중국인, 아시안이거나
태평양 직계라면
B형 감염 접종을
하세요.'

**공중 수영장에
쓰여 있는 팻말**

'중국인은
침을 뱉는 것을
삼가하시오.'

**버스 운전기사가
바로 옆 조수석에
앉는 것을 거부하는 것**

'너희 인디안들은
항상 조수석에
앉으니까.'

---

10) https://www.nzherald.co.nz/nz/news/article.cfm?c_id=1&objectid=11776745

작년 네팔로 여행을 갔을 때 내 옆자리에 앉았던 네팔 사람이 떠오른다. 그는 한국에서 5년을 생활 후 네팔로 아예 귀향하는 길이라고 했다. 어디서 일을 했냐고 하니 쌀 농사를 했다고 한다. 이제는 돈을 벌 만큼 벌어서 아예 네팔로 돌아가서 사업을 할 생각이란다.

"한국에서 친구들은 많이 사귀었나요?"

나의 질문에 그는 머뭇머뭇하며 쉽게 말을 이어 나가지 못했다.

"힘들었어요. 일이 너무 많아서 일주일에 하루밖에 못 쉬었어요. 친구 만들 시간 없어요."

일을 너무 많이 해서 한국이라면 이제 질려버린 듯한 그의 표정이 느껴졌다. 사장님이 욕하고 막 대해서 너무 힘들었다고 했다. 나는 그가 한국에서 지낸 시간이 즐겁지 않았던 것에 미안해졌다. 예전에 코미디에서 보던 '사장님 나빠요'가 내 옆에 있는 네팔 사람이 실제로 겪었던 일인 것이다.

나도 해외에서 일하고 있는 '외노자' 신분이기 때문에 한국 내의 외국인 노동자에 대해서 생각하지 않을 수 없었다. 가끔씩 비싼 레스토랑에 가면 나를 향한 반갑지 않은 듯한 '눈빛'들을 볼 수 있다. 내가 어디에서 일한다고 그러면 "Really?(정말?)"이라고 되묻는 눈빛 말이다. '너 같은 아시안이 그런 회사에서 일한다고?'라는 식의 스쳐 지나간 이런 눈빛에도 기분이 편하지 않은데, 한국 산업체에서 겪는 외국인 노동자들의 인격 모욕은 얼마나 상처가 클까?

한국의 인종 차별은 특정 국가에 대한 차별보다는 외형적으로 보이는 차별이 많다고 생각한다. 백인에게는 친절하면서 백인 이외의 다른 인종에게는 전혀 친절하지 않은 태도가 대표적이다. 출신에 대해서는 전혀 상관 없이 그저 피부색으로만 판단하는 경우를 종종 볼 수 있다. 피부만 하얗다면, 러시아 출신, 남아공 출신, 독일 출신 모두 환영을 받는 존재가 되고, '미국인'일 것이라고 임의로 판단한다. 이런 대접을 받는 외국인도 "한국인은 너무 친절해요~"라고 이야기한다. 반대로 뉴욕이나 런던에서 좋은 교육을 받고 매우 괜찮은 인재임에도 불구하고 피부색이 다르면, 오해를 하거나 좋지 않은 영향을 줄 사람으로 경계하는 경우가 많다. 특히 동남아 사람에게는 함부로 대해도 된다는 편견과 차별이 존재한다.

최근에는 무슬림에 대한 인종과 종교 차별까지 대두되고 있다. 대표적인 예로, 예멘에서 온 난민 550명을 받아들이지 말자는 반대의 여론이 높다. 2017년, 뉴질랜드에 오는 한국 이민자 2,740명. 예멘의 난민은 이보다 훨씬 적은 숫자임에도 '안전'을 외쳐가며 난민을 거부하고 있었다. 이들을 거부하게 되면 정말 '안전'이 필요한 그들은 내전이 일어나는 자기들의 나라에 돌아가야 하는 자살행위나 다름없는 상황이 생기는 데도 불구하고 말이다.

"난민 때문에 사고라도 생기면 책임질 건가요?"

"다른 나라에서 이민자들 많이 받아서 문제되는 거 안 보이나요?"

독일에는 2015년 무려 89만 명이 유입이 되었다. 이민자를 강력하게 규제하는 미국 현 도널드 트럼프 미국 대통령은 "이주민을 수용한 이후 독일의 범죄가 10% 늘었다"라는 트윗에, 메르켈의 대답은 "법무 통계가 답을 말한다"라고 맞받아쳤다. 이는 독일에서 발생한 범죄가 전년보다 9.6% 줄었다고 내무장관이 발표한 것을 말한다.[11]

89만 명과 550명을 비교해보아도, 우리는 난민에게 너무나 각박하다. 역지사지로 한국 사람이 다른 나라에서 인종 차별을 받는 것을 조금이라도 생각해보면 이해가 되지 않을까. 자신이 해외에 여행 갔다가 언어나 외모 때문에 조금이라도 인종 차별을 받았다면 그렇게 적대적으로 대할 수 있을까? 해외 취업을 하고 싶은데 '넌 아시안이라 서류도 통과 안 돼', '아시안들 때문에 집값이 비싸졌으니 너네 집에 가버려'라고 한다면 우리는 어떻게 받아들일까?

뉴질랜드 북섬, 로토루아 주는 모든 공공 사인에 마오리어와 영어를 같이 표기하도록 개정하였다.

변화의 조짐으로 웰링턴 주와 정부에서도 마오리 언어 주간(Maori Language Week)을 실천했다. 마오리어를 영어와 함께 공식 국가 표준어로 지정한 1972년 9월 14일을 기념하기 위해, 매년 9월 14일이 끼어 있는 주는 마오리 언어를 좀 더 자주 사용하기 위한 캠페인을 열고 있다. 교육부에서는 마오리어를 가르칠 선생님을 찾기 힘들어 정규 과정으로 편입할 수 없지만, 마

---

11) https://www.washingtonpost.com/news/worldviews/wp/2018/06/18/trump-says-crime-in-germany-is-way-up-german-statistics-show-the-opposite/?noredirect=on&utm_term=.6a7d6ed95492

오리어를 지키기 위해 사용을 권장하고 있다. 그 외에도 중국어 주간, 인도 드왈리(Diwali) 페스티벌, 한국 K 페스티벌 등 이민자들을 위한 여러 가지 캠페인도 각국 대사관과 진행하고자 노력하고 있다.

다행히 나는 좋은 사람들을 많이 만나 인종 차별을 크게 당하지 않았다. 하지만 분명 뉴질랜드 어딘가에는 이런 인종 차별 때문에 괴로운 사람들이 분명 존재한다. 얼마 전, 필리핀 가족에게 '너네들 집으로 돌아가, 여긴 백인을 위한 나라야'라며 시비를 건 한 백인 여성이 뉴질랜드 뉴스에 나왔다. 그 필리핀 가족은 14년이나 뉴질랜드에 살았음에도 그런 대접을 받았다는 것에 상처가 컸다고 한다. 하지만 그 광경을 목격한 다른 키위 사람들의 위로와 포옹, 그리고 아이스크림까지 사주며 기분을 풀어준 이들 덕분에 마음이 괜찮아졌다고 했다.

전 세계 어느 나라를 가든 길에서 시비를 거는 '돌아이'들은 어디에나 있다. 술이나 마약을 하고 시비를 거는 이런 사람들은 상대하지 말고 그냥 무시하는 것이 좋다. 혹시라도 그런 인종 차별 같은 일이 생긴다면 자신을 위해 앞으로 나서는 강철 멘탈을 보여주자. 아니면 "너도 오늘 정말 어메~이징한 하루가 되길 바래" 하며 오히려 그들이 했던 행동이 나빴다는 것을 스스로 깨닫게 만들어주자. 당신의 하루는 그들의 기분 나쁜 행동으로 망치게 놔두기엔 너무 아까운 하루다.

10
뉴질랜드 국제 연애,
그는 옐로우 피버가 아닙니다

○ ○ ○

뉴질랜드 길거리를 돌아다니다 보면 다양한 종류로 이루어진 커플들을 보게 된다. 키위와 마오리 커플, 키위와 인디안 커플, 게이 커플, 레즈비언 커플까지. 하지만 그중에 내 눈에 띄는 커플은 아무래도 나와 비슷한 커플, 즉 서양 남자와 동양 여자로 이루어진 커플이다. 나도 외국 남자를 사귀고 결혼까지 했지만, 제삼자의 눈으로 이런 타입의 커플을 보게 되면 저절로 눈이 가게 되는 나를 발견한다.

"다른 사람들이 보기에 우리 커플도 저렇게 될까?"

다른 사람들은 우리 관계를 어떻게 생각할까? 멀어지는 커플을 바라보며 속으로 생각했다.

해외에 살면서 동양 여자로서 한 번쯤은 꼭 듣게 되는 단어는, 옐로우 피버(Yellow fever)다. 옐로우 피버라는 뜻은 동양 여자를 좋아하는 서양 남자들의 취향을 일컫는다. 처음부터 동양 문화가 좋아서 그런 것일 수도 있지만, 대부분 어떤 계기로 인해 동양 여성을 선호하게 된다. 예를 들어, 일본의 애니메이션이나 동양에 대한 막연한 로망이 있다든지, 영어를 가르치러 일본이나 한국, 중국 등 아시아권에 살면서 매력에 빠졌다든지, 여행에서 만난 아시안 여성에게 끌려서 사귀고 보니 그 뒤에도 계속적으로 아시안 여자들에 관심을 가지게 되는 등 매우 다양하다. 과거와는 달리, 해외 여행도 쉬워지고 서구권에 사는 2, 3세대 동양인들이 많아지다 보니 그럴 기회가 더 많아지는 듯하다. 나도 처음에는 한국 남자들이 긴 생머리에 흰 피부를 좋아하는 취향처럼, 옐로우 피버도 취향 중의 하나라고 간단하게 취급해버리면 되는 것이라고 생각했다. 그러나 이 단어가 백인 남성에게 불편하게 들렸다면, 백인 남성을 사귀고 있는 동양 여자인 나까지도 덩달아 불편해졌다.

대체 왜 내가 불편해졌을까? 일단 동양 여자만 사귀려는 남자의 목적이 불순하지 않을까 하는 생각을 먼저 하게 된다. 펍이나 술 취한 자리에 백인 남성들로 이루어진 그룹에서 종종 진담 반 농담 반으로, "아시안 여자들 쉬워~", "순종적이야", "성관계를 할 때 동양 여자가 더 느낌이 좋아"라는 불쾌한 말을 하는 사람들이 있기 때문이다. 마치 동양 여자를 재밋거리로 삼는 것 같았다. 그리고 동양 여자를 꼬셔서 자신의 말을 증명하려 할 것 같았다.

이런 외국 남자들은 만나보면 뻔하다. 죄다 외모 칭찬, 몸매 칭찬으로 여자를 한번이라도 잠자리에 데려오려는 생각뿐이다. 해외 경험이 없거나 연애 경험이 없는 우리 한국 여성들, 칭찬에 인색한 사회에 외국 남성이 이런 말을 하면 정말 자신을 좋아하는구나 순진하게 생각해서 연애 한두 달 하다가 연락이 뜸해지고 헤어해지면 그것에 대해 마음 아파하는 경우를 볼 수 있다. 원나잇을 즐겼던 상대방 외국 남자는 하나도 신경 안 쓰는 데 말이다.

동양 여자와 사귀는 서양 남자들을 미디어를 통해 학습한 '나이 많은 서양 남자가 동양 여자를 산다'라는 고정관념도 한몫한다. Mail to order bride(메일 투 오더 브라이드 – 신부를 우편으로 주문한다)라고 하여 구글에 검색하면 아직까지도 활발히 운영되는 이런 웹 사이트들을 볼 수 있다. 멀리 미국이나 다른 나라에서 예를 찾아볼 것도 없다. 한때 한국에서 유행했던 〈베트남 여성과 결혼하세요〉는 베트남보다 더 풍요로운 한국으로 결혼 이민을 오기 위해 농촌에 거주하는 한국 노총각들과 결혼을 하는 흔한 사례였다. 그렇게 온 동남아 여성들은 '돈으로 팔려 왔다'는 우리의 고정된 생각 때문에, 많은 외국인 여성들이 한국인 가족으로 하여금 마치 일꾼처럼 쓰여지는 경험을 당하기도 하고 종종 도망갔다는 씁쓸한 소식을 듣기도 했다.

한국 출신인 나와 함께 걸어 다니며 남편이 '옐로우 피버'라고 오해받는 동안, 나는 반대로 "서양 남자가 그렇게 좋아?"라며 '화이트 피버'로 오해받는다. 마치 내가 '다른 목적'이 더 좋아서 만나는 것처럼 말이다. 그리고 한국 여성이 외국인과 사귀면 자신의 여자친구가 아님에도 불구하고 '뺏겼다'라거나, 기성세대들은 '한국 여성이면 한국 남자와 결혼해야지'라는 불쾌함을 표시하고는 한다. 이런 평범한 내가 마치 자신들의 여자친구인 것마냥 뺏겼다는 마음을 가져주는 건 고맙기도(?) 하지만, 자신의 불편한 마음을 굳이 밖으로 표현해 남에게 피해를 줄 정당성은 없다.

한국에서 영국 남성을 사귀어왔고, 결혼까지 한 부산 출신 친구는 이런 일을 실제로 겪기도 했다. 부산에서 당시 남자친구였던 남편과 지하철을 타려고 기다리던 중, 중년 남성으로부터 봉변을 당했다고 한다. 왜 외국인과 사귀냐, 너네 나라로 가라 등의 질문 등을 받고 '썽'이 난 친구는 사람들에게 둘러싸인 채로 한창 싸웠다고 한다. 그런 이야기를 들려주니 나는 왠지 모르게 한국으로 같이 여행갈 때 살짝 긴장할 수밖에 없었다. 혹시나 험한 일 당하지 않을까 하는 노파심에 말이다.

다행히 친구가 연애를 했을 당시보다는 시간이 많이 흘렀는지 그런 일은 일어나지 않았다. 오히려 한복을 입고 광화문을 걸어 다니다가 모르는 한국 여성분이 "어머 옆에 계신 분이 한복에 선글라스가 너무 잘 어울려요. 사진 한 장 찍어도 될까요?"라고 요청할 정도였다. 확실히 한국이 해외로 관광지로 소개되면서 한국을 방문하는 외국인들이 많이 늘었고, TV에서 한국어를 너무 잘하는 외국인들이 많이 출연하면서 노출 빈도가 잦아진 덕분에 더 친숙해진 듯했다. 종편 채널 중 〈비정상 회담〉이란 프로그램은 한국 사람들에게 외국인들도 환영받아야 할 존재로 인식시켜준 좋은 계기가 된 듯했다. 그 프로그램으로 인해 외국인을 콘셉트로 한 후속 프로그램이 줄줄이 나오는 것을 보면서 '한국 사람들도 외국인이 한국을 어떻게 생각하는지 궁금해하는구나'라는 생각이 들었다.

아이러니하게도 동양 여자와 서양 남자의 연애에 대해서는 반발이 심하고 부정적인 시선으로 보는 반면, 한국 남성이 서양 여성과 사귄다고 하면 마치 승리자로 관심을 받는 점도 나를 불쾌하게 만들었다. 한국인 래퍼가 외국 여성 모델과 사귀는 모습을 담은 글에 달리는 댓글은 "부럽다", "전생에 나라를 구한 영웅이다"라는 부러움으로 가득 차 있었다. 아직까지 동양 남자가 서양 여자를 사귀는 수는 동양 여자가 서양 남자가 사귀는 수보다 훨씬 더 적기 때문에 그런 현실을 극복했다는 점에서 마치 승리자와 같이 비춰지는 것인가? 라는 생각이 들었다.

실제로, 아시안 남성으로서 전 세계적으로 퍼져 있는 고정 관념들 때문에 겪는 고충들이 있다. 아직까지도 서양 여자에게는 동양 남자가 섹시하지 않고, 성적으로 끌리지 않는다는 고정 관념도 커플이 만들어지지 않은 이유 중 하나다. 이런 고충을 겪는다고 해서 "동양 남자는 불리한 조건이니까, 동양 여자와 결혼하기 위해 이렇게 말해야 할 정당성이 있어"라고 설득하는 데엔 동의하기 힘들다. 한국 남자들에겐 괜찮고, 여자들에게 괜찮지 않다면 그것은 이중잣대가 아닐까? 한국 여성이 한국 남자와 서양 여자 사귀는 것에 태클을 걸며 "한국 여자랑 사귀세요"라고 한다면, 그걸 좋은 조언으로 받아들일 한국 남자는 없을 것이다.

그럼에도 불구하고, 아직까지 '문화 차이'를 예로 들며 한국인과 사귀는 것이 외국인과 사귀는 것보다 더 좋을 것이라고 조언을 해주는 사람들이 있다. 실제로 문화적 차이로 인해 헤어지는 사람들도 볼 수 있으니 좋게 생각하면 '나를 위해' 노파심에서 한 이야기로 볼 수도 있겠다. 하지만 저마다 자신에게 맞는 사람이 있듯, 그 사람이 외국인이라는 단 하나의 이유만으로 선뜻 맞지 않을 것이라 단언하는 것도 선입견에 불과하다. 그렇다면 한국 사람끼리 결혼했는데 이혼율이 높은 건 어떻게 설명할 수 있을까? 자신의 가치관과 상대방의 차이가 얼마나 비슷하고 잘 맞느냐가 중요한 것이지, 피부색이 중요한 것이 아니다.

현모양처와는 거리가 먼 내가 단지 한국인이라는 공통점으로 현모양처를 원하는 한국 남성을 만났다면, 그 생활은 제대로 유지가 되었을까? 실제로 헤어진 사람들의 사례는 서로의 문화 차이와 가치관을 이해하지 못하고 무조건 자기가 옳다고 생각했기 때문에 그 간극을 줄이지 못하고 헤어지는 경우가 많다. 나의 가치관이 현모양처인데 북유럽처럼 여성들이 일하는 것이 당연한 가치관을 가진 외국 남자를 만난다면 그 외국 남자를 설득하지 않는 한 그 관계는 제대로 유지하기 힘들다. 마찬가지로, 가족에 헌신 하길 원하는 한국 남성이 자유분방한 해외 여성을 만나는 것도 같은 경우다.

다행히 나는 문화 차이를 전혀 느낄 수 없을 정도로 나와 비슷한 가치관을 가진 사람을 만났다고 생각한다. 오히려 나보다 더 보수적인 면에 가끔씩 놀라기도 한다. 외국인이 다 개방적이라고 생각했던 나의 편견을 또 이렇게 깨는구나 싶었다. 어쨌거나 내가 동양 여자이기 때문에 그가 나와 거리를 다니며 옐로우 피버로 오해받는 일이 빨리 사라지는 날이 왔으면 좋겠다. 외국에는 원나잇만 좋아하는 남자들이 있는 것이 아니다. 인성이 괜찮은 사람들도 훨씬 많다. 한국에도 좋은 사람도 있고 나쁜 사람도 있는 것처럼 말이다.

11
한국 제품 예찬가,
나는 가끔씩 한국이 그립다

○ ○ ○

"이 옷 혹시 어디서 샀는지 물어봐도 돼?"

점심을 먹으러 간 카페의 여 종업원이 나에게 음식을 가져다주며 물었다.

"미안, 이거 한국에서 산 옷이야."

그 여 종업원은 아쉽다는 듯, 다시 자기 일을 하러 돌아갔다. 나에게 옷에 대해서 묻다니, 내가 패션 감각이 좋은 사람이 된 것 같아 마음이 괜히 우쭐해졌다.

"이거 한국에서 사면 반값도 안 되는 거야~", "한국 옷은 싸고 품질이 정말 좋아." 회사 여성 직원들이 가끔씩 내가 입는 옷을 어디서 샀냐고 물어보면 꼭 한국에서 산 옷, 신발이라고 한다. 한국의 좋은 점들? 의류 외에도 할 말이 많다.

　나는 웬만한 의류는 한국 온라인 쇼핑몰에서 구매해서 배송하는 편이다. 왜 군이 뉴질랜드에서 구매하지 않고 배송비가 들어도 한국 제품을 고집하는 걸까? 뉴질랜드는 제조업이 발달해 있지 않아 웬만한 공업 제품들은 수입을 하는데 대부분이 중국 수입품이다. 싼 게 비지떡이라고 품질도 가격과 비례한다. 비싼 가격을 주고 뉴질랜드나 유럽 브랜드 구매하는 것도 한 방법이긴 하지만…. 솔직히 뉴질랜드에서 한국처럼 경제적인 가격에 품질은 좋은 옷을 보기는 힘들다.

　뉴질랜드가 선진국이라고는 하지만 놀라지 마시라. 한국에서는 그 흔한 유니클로 매장, 이케아, H&M, 자라, Top Shop이 이곳에서는 눈을 씻고 찾아봐도 찾기 힘들다. H&M은 뉴질랜드에서 손에 꼽을 정도로 몇 군데 없고, Top Shop은 한 군데, 이케아와 유니클로는 아예 뉴질랜드에 들어오지도 않았다. 이런 좁은 시장이 나의 눈을 한국 온라인 쇼핑몰로 돌리는 데 큰 몫을 했다. Top Shop이 들어온다고 할 때 키위 사람들이 얼마나 신났던지, 첫날 매장 문을 열기 전 줄 서서 기다릴 정도로 기대감이 컸다. 하지만 작은 키에 걸맞은 나의 발 사이즈 225mm는 뉴질랜드에서 여성화로 구하기 힘든, 어린이 신발 코너에서나 볼 수 있는 발 사이즈 때문에 한국 신발 쇼핑은 나에게 선택이 아닌 필수가 되었다.

한국에 살았더라면 당연하게 누렸던 것들이 그리울 때가 있다. 제일 그리운 것은 단연코 음식이다. 음식이란 게 습관보다 무서운 것을 실감하곤 한다. 2주 정도 한국음식을 못 먹으면 미칠 것 같아 라면으로 급하게 때우면 또 그 순간에는 괜찮다가, 또 시간이 지나면 같은 현상이 반복된다. 먹고 싶은 것들은 집에서도 해먹기 힘든 돼지국밥이나 뼈 해장국처럼 한국에서 야근했을 때 먹었던 음식 메뉴들인지 모르겠다.

집 근처에 학교와 학원이 있어서 떡볶이집이 상시 문을 열고 있었는데, 초딩들 사이에 껴서 세트를 시키면, 떡볶이, 순대, 튀김까지 즉석에서 가위로 뭉텅뭉텅 잘라서 떡볶이 국물에 부어주었었다. 학교 앞에서나 먹을 수 있는 초딩 입맛에 맞는 달달한 떡볶이 세트가 단 돈 오천 원! 그 맛이 그리워 집에서 만들어 먹으면 떡볶이 맛은 왜 이리 다른지. 그 외에도 자정까지 문을 여는 빵집, 24시간 편의점, 일하기 쾌적한 카페 환경, 백화점, 다양한 음식을 파는 식당들, 김밥 천국, 24시간 배달 되는 치킨! 아아 치킨! 나열 하자면 끝도 없다.

겨울이 되면 온돌과 찜질방이 생각난다. 뉴질랜드의 겨울은 영하로 떨어지는 남섬을 제외하고는 실제 온도는 우리나라처럼 춥지는 않다. 하지만 나무로 지은 오래된 집이 많아 문풍이 많고, 난방 시설이 없어서 한국보다 더 혹독하게 느껴진다. 하루종일 히터를 틀자니 전기세는 한 달에 30만 원이 넘게 나온다. 일을 하고 싶어도 너무 추우니 의욕이 상실되어 할 수 있는 일이란 침대에 이불을 덮고 있는 일밖에 없다는 것을 온몸으로 체험한다. 한국에 있었더라면 실내에서 반팔을 입고, 따뜻한 방바닥에 누워서 손가락으로 리모컨을 만지작거리며 예능을 보았을 텐데.

한번은 신던 부츠를 수선하기 위해, 신발 수선 가게를 방문했다. 뉴질랜드는 인력이 들어가는 기술 서비스는 돈이 많이 든다는 것을 알고 있었지만 그를 각오하고서라도 부츠를 꼭 고치고 싶었다.

"혹시 얼마나 걸릴까요?"

"아 지금 좀 많이 밀려서…. 한 2주 정도?"

하지만 2주를 기다리고 한 주를 더 기다리고 나서야 한국 돈으로 치면 삼만 오천 원 정도의 금액으로 앞 코가 벌어진 부츠를 간신히 고칠 수 있었다.

같은 부츠를 한국에서 고쳤다면 어땠을까? 이럴 때면 횡단보도 옆, 지하철 입구, 버스 정류장 근처에는 신발 고치는 작은 구멍가게들이 생각난다. 길가 횡단보도 근처에 찾을 수 있는 1평도 안 되는 신발 수선 가게에 들어간다.

"안녕하세요?" 하고 수선하는 아저씨와 손님만 딱 앉을 수 있는 좁은 공간에 들어가 앉으면, 주인 아저씨는 슬리퍼를 스윽 내민다. "여기 부츠 앞이 벌어졌어요." 하고 문제점을 말하면 부츠를 이리저리 돌려보고는 별말도 없이 그 자리에서 곧바로 부츠 수리를 시작하신다. 수선이 끝날 때쯤 무심한 듯 시크한 목소리로,

"2천 원 더 추가하면 앞에 깔창 더 두껍게 깔아드려요." 고개를 끄덕이면 또 그 자리에서 뚝딱하고 고치시고, 거기에 서비스로 깔끔하게 광까지 내주신다.

뉴질랜드에서 3주나 걸리는 부츠 수선은 광속 신발 수선 서비스를 가진 한국이었으면 10분이면 끝났을 일이다. 가격은 만 원밖에 되지 않을 것이다.

세탁소도 그렇다. 세탁소 문을 열고 들어가면 그 특유의 뜨끈뜨끈한 이불 세탁한 냄새가 먼저 나를 반겨준다. 세탁소 주인 분이 "뭘 맡기실 건가요?" 물으면 "드라이클리닝과 청바지 밑단을 줄이려고요"라고 말한다.

"드라이는 요새 올라서 만 이천 원, 청바지 밑단 줄이는 거는 팔천 원, 총 이만 원에 내일 모레까지 오세요~"라고 하면 시간도 어기지 않고 바로 드라이클리닝을 받을 수 있다. 하지만 뉴질랜드에서 여성 코트나 겨울 재킷을 드라이클리닝으로 맡기면 최소 5만 원이 넘어간다. 웨딩드레스를 한국에서 35만 원에 주고 샀는데, 드라이클리닝이 15만 원이었다. 입이 떡 벌어지는 가격이었다.

이런 소소한 것들, 또, 소소한 생활에서 만나는 사람들의 친절함이 그립다. 시장에서 만나는 상인들, 떡볶이를 파는 주인분, 경비 아저씨들의 친절함, 버스에 내리면서 "고맙습니다!"라는 말에 손을 흔들어주시는 버스 기사님. 매해가 다르게 점점 달라 보이는 모습에, '한국에 살아도 괜찮지 않을까?' 생각이 들곤 한다. 해외에 사는 교포들은 한국은 새벽에 혼자 밖에 나가도 치안을 크게 걱정하지 않아도 되는 매우 안전한 나라라고 극찬한다. 왜냐하면, 해외에서 유모차를 끌고 밤 9시에 나간다는 것은 상상도 할 수 없는 일이기 때문이다.

그러나 한국의 뉴스를 접할 때면 마음이 좋지 않다. 어린이집 버스 안전사고, 처벌이 약한 음주 운전, 어린 학생들의 자살률, 거대한 회사의 갑질 횡포…. 인터넷으로 뉴스를 접할 때마다 "내가 저런 회사에 취업했다면?", "내가 만약 음주운전의 피해자라면?" 더 나아가서 "만약 내 아이가 사고의 주인공이라면?"이라 자문해본다. 힘 없고 좋은 의도를 가진 사람들이 피해를 보는 것은 안타깝다. 그래서일까? 자신이 피해를 보지 말아야 한다는 생각에 경계심을 가지고 사람을 먼저 대하는 것이 느껴지곤 한다.

"사회생활이 쉽지 않다는 건 당연한 거 아니야? 그것도 못 참고 사회 생활할 거면 관둬!"

요 몇 년간 한국 내의 젊은 회사는 이런 직장 문화를 바꾸기 위해 노력했다. 하지만 그럼에도 불구하고 아직까지도 수직적인 의사결정, 회사 내의 많은 룰, 해야 할 것과 하지 말아야 할 것, 직급에 따른 행동 양식이 많이 남아있다. 이는 초원을 달리고 싶은 개에게 목줄을 묶어놓은 것마냥 참아내기 어려운 것이다. 중, 고등학교 때도 염색 금지, 헤어스타일, 교복 치마 길이 등의 규제 때문에 그렇게 반항하고 빨리 어른이 되고 싶었는데, 우리에게는 직장 생활이라는 또 다른 관문이 기다리고 있었다.

불금이라 퇴근하고 놀 줄 알았던 친구가 나에게 전화를 걸어 속삭이듯 나에게 불평했다.

"아직 부장님이 퇴근을 안 하셔가지고…. 지금 다른 사람들도 다 야근 중이야. 벌써 저녁 8신데."

"한 번이 어려운 거야. 그냥 퇴근해버려."

"야 그렇게 못 해~ 안 그래도 지금 결혼 준비 때문에 눈치 엄청 보이는데."

결국 뉴질랜드에 살든, 한국에 살든 간에 백프로 만족할 수 없다는 현실에 직면하고, 고민 끝에 그나마 자신과 더 맞는 삶을 선택해야 할 지 모른다. 한국은 음식도 싸고, 서비스도 빠른 만큼 내가 제공하는 노동력도 그만큼 싸야 하고 빨라야 한다. 뉴질랜드는 여유롭고 직장 스트레스가 덜할 것 같지만, 그 대신 외롭고, 이들의 일 처리는 나무늘보처럼 느리고, 영어는 항상 골칫거리다. 자신의 삶에서 과연 어떤 것이 제일 가치가 큰가를 먼저 결정하고 그다음에는 자잘한 것들을 감내해야 한다.

그래서 지금도 한국의 음식이 그립지만 남의 페이스북을 보며 대리 만족하고, 드라이클리닝이 비싸니 어떻게든 집에서 손빨래로 감당하고 있다. 아, 이런 두 나라를 합친 나라는 어디에도 없을까? 그런 말도 안 되는 생각을 하며 겨울 코트를 손빨래로 마무리한다.

뉴질랜드는
나의 라이프 스타일에
맞는 곳인가?

뉴질랜드에 온 이유는 단순했습니다. 영어를 좀 더 잘하고자 영어권 나라를 선택 했습니다. 호주 워킹홀리데이는 신청까지 다 해놓고 가질 않았고, 캐나다 워킹홀리데이는 뽑히기 힘들다고 하고, 뉴질랜드가 비자를 얻기에 제일 쉬운 나라였습니다. 영국이나 미국 같은 곳은 물가가 비싸서 아예 생각조차 하지 못했습니다.

저도 해외에 거주하고 있지만 다른 나라에서 일하시는 멋진 한국 분들의 소식을 접하고 있습니다. 영국, 미국, 캐나다, 호주, 싱가포르 등 각 나라에서 이방인으로서 자기의 위치에서 열심히 생활하고 계신 분들을 보며, 저도 영감을 받고 더 열심히 살아야겠구나 하고 느낍니다. 그분들의 화려한 삶에 한편으로 '부럽다'라는 생각도 합니다. 미국에 사는 분의 이야기를 접하면 미국에 가고 싶고, 영국에 사는 분의 이야기를 접하면 영국에 가고 싶은 마음이 듭니다. 런던에 가보니 확실히 큰 도시입니다. 우리는 특별전시를 해야만 볼 수 있는 르네 마그리트(René Magritte)나 앤디워홀(Andy Warhol)의 그림이 흔하게 한 벽면에 걸려 있고, 런던에서 처음 관람한 뮤지컬은 입이 쩍 벌어질 만큼 엄청난 퀄리티를 자랑해 감탄할 수밖에 없었습니다. 스코틀랜드의 수도 에딘버러(Edinburgh)는 시내 자체가 역사였습니다. 1600년에 지어진 건물과 성벽에 짙게 칠해진 세월의 흔적을 보존하여 제 눈으로 보고 있단 사실만으로도 절로 존경심이 들었습니다. 반면, 뉴질랜드는 그런 역사에 비하면 오래된 역사가 없습니다. 고작해야 150년 된 건물들이 오래된 편이라고 합니다. 몇 백년 전에 지어진 건물과 비교를 할래야 할 수가 없습니다. 대신 천 년쯤 된 나무들은 있네요.

제가 말하고자 하는 의도는, 나라마다 제 각각의 라이프 스타일이 있습니다. 어떤 나라에서 일을 하고 정착하느냐에 따라 삶의 질은 물론이거니와 방향성 등 모든 것을 송두리째 바꿉니다. 뉴질랜드는 '자연이 좋다' TV프로나 청산별곡을 꿈꾸는 사람들에게는 정말 좋은 나라입니다. 아이를 키우기에도 좋은, 그래서 키위들도 젊은 20대에는 큰 도시가 있는 다른 나라에서 신나게 놀다가 가정이 생기면 다시 뉴질랜드로 복귀하기도 합니다.

반면, 사업의 성공과 야망이 있는 분이 이곳에 오고자 한다면 그다지 적합한 선택은 아니라고 봅니다. 사람들의 태평한 분위기에 적응하다 보면, 처음엔 여유롭게 지내다가 슬슬 나태해집니다. 북적북적 사람이 많고 화려한 삶을 살고 싶어하는 분도 이곳에는 어울리지 않습니다. 유명한 가수나 그룹, 셀러브리티들은 호주 시드니까지 왔다가, 뉴질랜드 시장은 너무 작아 깔끔하게 무시하고 건너뜁니다. 비행기 거리도 꽤 길어서 문제는 첩첩산중입니다. 어떤 키위들은 자기가 좋아하는 유명 연예인의 콘서트를 보기 위해 호주까지 날아가기도 합니다. 뉴질랜드에 정착한 이후, 제가 놀러 가고 싶어하는 나라들은 이제 휴양지가 아닌 크고 오래된 도시들이 되었습니다. 가수 이효리 씨가 "자연이 지겨워! 도시! 도시에 가고 싶어!"라고 외치는 것처럼, 저는 다른 나라에 놀러 가면 보타닉가든(Botanic Garden)은 안 갑니다. 자연만큼 지겹게 볼 수 있는 나라는 뉴질랜드만큼 없으니까요.

책을 집필하는 동안, 최근 한국의 동향을 파악하기 위해 주위 친구들과 지인들에게 뜬금없이 물어보았습니다.

"요새 한국 어때, 살 만해?"

"요새 직장 일 어떠신가요? 연차는 자주 내시나요?"

한국에서 은행원 생활을 하시다가 뉴질랜드에 정착하신 한 분께서는 제 블로그에 이렇게 글을 남기셨습니다.

"회사가 직원에게 연차 부여를 의무적으로 해야 하는 법률은 잘 조성되고 있어서, 예전처럼 아주 심각한 상황은 아닙니다. 물론 그래도 아직 전반적인 수준은 노동력 착취에서 갓 벗어난 느낌입니다."

한국에서는 주어진 삶의 숙제들을 처리하느라 급한 대로 살아왔었다면, 시간이 너무 많아진 해외 생활에 이제서야 진지한 질문을 던집니다. 나는 해외 취업으로 무엇을 얻고자 하는가? 나는 왜 해외에 살고 싶은가? 내 삶에 중요한 것은 무엇인가? 나는 무엇을 좋아하는 사람인가? 나는 어떤 사람인가? 방황했던 10대에 이런 사춘기적인 질문들은 다 끝났다고 생각했지만, 지금도 이따금씩 생각하는 것들은 그 전과 하나도 다를 것 없는 원초적인 질문이었습니다.

한 번뿐인 삶, 내 마음의 평안과 행복.

우선 순위는 달랐지만 마음의 평안과 행복은 제 인생에 있어 중요했습니다. 제 마음이 행복해야 다른 사람을 도울 수 있는 의지가 생겼고, 다른 문제들을 연민의 시각으로 바라볼 수 있었습니다. '나도 먹고 사느라 바쁘다'라고 생각했던 이기적인 마음으로부터 한 발짝 물러날 수 있는 여유를 이곳에서 얻을 수 있게 되었습니다. 엄마에게 신경질로 대했던 철없던 행동은 점점 줄어들고, 안아주고, 사람들의 눈을 보며 웃고, 시덥지 않은 이야기로 생판 모르는 어르신들과 이야기합니다. 더불어 저에게 연락하는 친구들의 소중함을 더 느끼게 되었습니다.

예전과 비교하면 저의 생각은 많이 변한 듯 합니다. 나이가 먹어가면서 이렇게 변한 건지 아니면 뉴질랜드라는 환경이 저를 이렇게 만든 건지는 모르겠습니다. 한국에 다시 돌아가서 사는 것도 괜찮지 않을까? 이런 생각을 가끔찍 하지만, 저의 변덕스러운 마음으로 인해 언제 불평할지 하게 될 지는 모르는 일입니다.

작년에는 집 뒤 텃밭에 고추를 심어서 수확했는데, 올해는 샐러드를 먹기 위해 상추를 심었습니다. 여름에는 잔디가 쑥쑥 잘 자라서 2주에 한 번씩 잔디를 깎아줘야 합니다. 아기자기하고 예쁠 거라 꿈꿨던 정원 생활은 생각보다 관리가 많이 필요합니다. 하지만 그럼에도 불구하고 저는 이곳에 남아 열심히 흙 냄새를 맡으며 잡초를 뽑고 있습니다. 장화를 신고, 흙이 묻어도 상관없는 목이 늘어난 옷을 입고 아무 생각 없이 정원 관리를 하다 보면 머리가 상쾌해지는 것을 느낍니다. 이런 여유를 누리기까지 정착하고 6년 이상이 걸렸습니다.

이 책에서 제대로 된 뉴질랜드의 모습을 발견하셨기를, 이민이나 해외 취업을 준비하시면서 제가 쓴 글들이 도움이 되었기를 바랍니다. 저의 이야기를 읽어 주셔서 감사합니다.

New Zealand